AF250811

# UN
# VOYAGE AU TONKIN

PAR

## J.-B. BERNARDIN

*Ex-sergent du 4e régiment de Tirailleurs tonkinois*

GENDARME A PIED

A VILLERS-SUR-MER (Calvados)

AVIGNON

FRANÇOIS SEGUIN, IMPRIMEUR-ÉDITEUR

*11, rue Bouquerie, 11*

—

1898

# UN
# VOYAGE AU TONKIN

PAR

J.-B. BERNARDIN

*Ex-sergent du 4ᵉ régiment de Tirailleurs tonkinois*

GENDARME A PIED

A VILLERS-SUR-MER (Calvados)

AVIGNON

FRANÇOIS SEGUIN, IMPRIMEUR-ÉDITEUR

*11, rue Bouquerie, 11*

—

1898

## MES CHERS AMIS,

J'ai l'honneur de vous dédier ce petit livre que j'ai écrit uniquement pour vous.

J'espère que vous l'accepterez avec plaisir et que vous le lirez avec quelque intérêt.

Ceux d'entre vous qui me connaissent tout particulièrement et à qui j'ai promis depuis longtemps cet ouvrage, seront étonnés, sans doute, de recevoir un travail aussi incomplet.

Je leur dois dois donc une explication à ce sujet.

L'idée m'était venue, il est vrai, à ma rentrée en France, de donner à ce récit un développement plus grand ; mais je ne prévoyais pas, hélas ! à cette époque, les déboires cruels qui sont venus briser en moi des espérances à la fois si chères et si légitimes.

Il m'aurait fallu, pour exécuter le travail que je m'étais tracé, jouir d'une situation qui me laissât quelques instants de tranquillité morale. Or, je suis loin d'être dans ce cas, et j'espère que, sans que j'aie besoin de m'étendre plus longuement sur ce point, mes amis me pardonneront volontiers de n'avoir pas tenu ma promesse à leur égard.

Contraint d'abréger mon travail, j'ai dû rechercher dans mes notes les renseignements qui m'avaient paru les plus intéressants.

*Vous voudrez bien me dire si j'ai fait, sous ce rapport, un choix heureux.*

*Enfin, je vous offre ce travail tel qu'il est, en regrettant de n'avoir pu faire mieux.*

*Je serai satisfait si j'apprends qu'il est à vos yeux un gage certain de l'amitié que je vous porte.*

J.-B. BERNARDIN,
*Gendarme à Villers-sur-Mer (Calvados).*

# UN VOYAGE AU TONKIN

## Avant le départ.

J'étais sergent dans un régiment de l'Est lorsqu'un jour le sergent-major fit réunir la compagnie et lut une note conçue en ces termes :

« Les sous-officiers, sergents, sergents-fourriers, ser-« gents-majors et adjudants, qui désireraient servir, avec « leur grade, au 4ᵉ régiment de tirailleurs tonkinois, sont « invités à faire connaître leur nom. A défaut de volontai-« res, il sera désigné d'office un sergent par bataillon et « un fourrier par régiment. »

C'était à la fin de l'année 1888.

J'avais 20 ans à peine, l'âge où les cœurs battent avec ardeur.

Que se passa-t-il en moi lorsque le sergent-major eut terminé sa lecture ? Je ne saurais le dire. Toujours est-il que je n'eus plus qu'une idée fixe : partir.

J'avais pourtant, pour m'en empêcher, des raisons intimes très sérieuses. Mon bien-aimé père, vieux soldat retraité de l'armée d'Afrique, venait d'entendre sonner ses 80 ans. La pensée que je pourrais ne pas être auprès de son lit, lorsqu'arriverait l'heure fatale de la mort, ne manquait pas de torturer mon cœur.

Ma bonne mère, elle aussi, était déjà âgée. Et puis, une mère a le cœur si sensible ! Que de larmes elle allait verser en apprenant mon départ.

Cependant, rien ne pouvait changer ma première idée : l'amour de la patrie, le besoin d'une vie militaire plus active, la soif de l'inconnu, faisaient taire en moi tous les autres sentiments.

Je voulais connaître, à mon tour, cette existence guerrière dont mon père m'avait si souvent retracé les péripéties.

Je me fis donc inscrire sur la liste des volontaires.

Ne me rendant pas compte du peu de chance que j'avais de réussir, j'attendais de jour en jour la nouvelle du départ, lorsqu'un soir, un de mes collègues, secrétaire du colonel, me remit officieusement une note ainsi conçue :

« Par décision ministérielle en date du 4 mars 1889, le
« sergent Bernardin est affecté, avec son grade, au 4e ré-
« giment de tirailleurs tonkinois. Ce sous-officier sera mis
« à la suite de son corps d'origine et remplacé.

« Des ordres ultérieurs seront donnés pour son embar-
« quement dans l'Extrême-Orient. »

La lecture de ces quelques lignes me causa une émotion profonde. Partir au Tonkin ! Quelle belle perspective, quelle joie pour moi ! Mais aussi, quelle douloureuse inquiétude pour mes vieux parents ! C'était cette dernière pensée qui me chagrinait le plus. Rentré dans ma chambre, je restai seul, pendant plus d'une heure, en proie à une vive émotion. Enfin, désireux de me rendre au plus vite dans ma famille, je fis établir une permission de quatre jours que le sergent-major présenta, le jour même, au colonel. Celui-ci, craignant que des ordres pour mon départ n'arrivassent avant l'expiration de ma permission, crut devoir me supprimer deux jours. Mais je dois dire que je ne perdis rien, car le lendemain, le colonel, qui avait reçu des instructions pour mon embarquement, me fit adresser, dans ma famille, une prolongation de deux jours.

La nouvelle de mon départ au Tonkin produisit sur les miens une impression de douloureuse tristesse. Mon bon vieux père dissimulait autant que possible sa douleur, s'efforçant de rendre à ma mère le courage qui lui manquait. Celle-ci, en effet, était inconsolable. Le Tonkin lui apparaissait comme un vaste cimetière où devaient être ensevelis tous ceux qui s'y rendaient, et rien ne pouvait l'arracher à cette lugubre perspective. Lorsque le moment de la séparation fut arrivé, il se produisit une de ces scènes de tendresse que l'on n'oublie jamais. Devant cette manifestation éclatante d'une affection si vive, mon cœur se serra profondément. Mes larmes, que j'avais pu retenir jusqu'alors, coulèrent en abondance. J'eus de la peine à vaincre mon émotion pour rentrer au régiment.

A mon arrivée à la caserne, j'appris que mon embarquement était fixé au 1er avril.

Le 28 Mars, je rendis mes armes, et, le lendemain, après de fraternels adieux aux amis, je pris le train à destination de Toulon.

A Lyon, je rencontrai deux sous-officiers partant, comme moi, au Tonkin. Nous fîmes connaissance et ne nous quittâmes plus avant notre arrivée dans la colonie.

Le 30, au soir, nous arrivons au port d'embarquement. Nous nous rendons directement au bureau de la place, et, de là, à la caserne des « Isolés », où nous nous installons pour deux jours. Deux jours, c'est peu, mais c'est beaucoup quand on doit, ainsi que cela a lieu aux « Isolés », subir, pendant la nuit, les morsures des punaises et des rats.

## Le départ.

Mais voici le premier avril, jour d'émotions, jour mémorable pour les partants.

C'est une belle journée de printemps. Le soleil — le soleil du Midi tant aimé des poètes — apparaît, radieux, dans un ciel sans nuages.

A une certaine distance des quais, au milieu de la petite rade, on nous montre un navire, le *Bien-Hoa*. C'est celui qui doit nous conduire à destination, c'est dans ses flancs que nous allons — tout-à-l'heure, à 7 heures du matin, — prendre place pour trente ou quarante jours.

Quoique le *Bien-Hoa* ne doive partir que très tard dans l'après-midi, l'embarquement commence à l'heure dite. Après avoir gravi les marches de l'escalier de tribord, nous arrivons sur le pont du navire en partance. Là, on nous remet à chacun un bulletin portant des indications comme celle-ci : « Babord, 2ᵉ Batterie ; hamac nᵒ 11. » Muni de ce renseignement — peu précis, comme on le voit, — chaque passager se met à la recherche de sa place.

La plupart ne l'ont pas encore trouvée quand la nuit arrive. D'ailleurs, une préoccupation bien plus grande s'empare bientôt des voyageurs. Le signal du départ vient, en effet, d'être donné. Chacun se précipite sur le pont.

Soudain, une détonation se fait entendre. C'est un des canons de la place qui dit adieu au *Bien-Hoa*. Celui-ci, par sa pièce de l'avant, répond au salut qui lui est adressé par la ville.

Puis, au même instant, du haut de sa passerelle, le commandant du bord crie : Parez à larguer les amarres !... Tout le monde fait silence. L'instant est solennel. La musique militaire, rangée sur le quai, joue la *Marseillaise*, pendant qu'une foule nombreuse agite des mouchoirs blancs pour dire adieu aux passagers. Ceux-ci répondent tout émus. Beaucoup ont les larmes aux yeux.

Le commandant crie à nouveau : Machine en avant !... Larguez tout !

Le bâtiment s'ébranle ; on n'entend plus que le ronflement des treuils à vapeur.

Après avoir traversé, lentement, la petite et la grande rade, le *Bien-Hoa*, qui a retrouvé la *Grande Bleue*, accélère sa vitesse.

Bientôt les derniers phares de la côte disparaissent à l'horizon.

Les passagers sont toujours sur le pont. Ils adressent un dernier adieu à la terre de France. Combien d'entre eux, hélas ! ne la reverront plus cette terre chérie ! Chacun le sait, chacun y pense, et il est facile de se rendre compte combien l'émotion est grande dans tous les cœurs.

Enfin, l'obscurité s'est faite à bord ; nous essayons, mais en vain, de retrouver notre hamac. Il faut donc dormir sur la planche, à la première place libre. C'est, d'ailleurs, le sort qui nous sera réservé pendant toute la traversée. Bien heureux encore ceux qui, chaque matin, auront pu éviter d'être réveillés par un seau d'eau salée lancé sur la figure.

Pour mon compte personnel, j'avoue que j'ai pu rarement me soustraire à ce réveil aussi désagréable que brutal, toujours suivi — mais jamais précédé — de cet avertissement familier aux matelots : « Attention les militaires ! »

Mais je n'entreprendrai pas de raconter ici les mille petits incidents qui ont marqué mon existence à bord du *Bien-Hoa*. Le récit serait, d'ailleurs, trop long et trop peu intéressant. Après deux jours de navigation dans les eaux Méditerranéennes constamment agitées, nous arrivons à Bône, où le navire s'arrête pour embarquer le 3ᵉ bataillon d'infanterie légère d'Afrique. La ville, que nous n'avons pu visiter, présente un aspect agréable. Elle possède un port magnifique avec jetées et est protégée par des fortifications formidables.

La citadelle, construite sous Charles-Quint, fut prise par les Français en 1832.

Après quelques heures d'escale, le navire reprend sa marche en longeant la côte africaine.

Le lendemain, nous arrivons en présence de Malte que nous apercevons distinctement. La Valette et plusieurs villes de la côte, généralement construites en amphithéâtre, se font remarquer, de loin, par leur blancheur éclatante.

# Port-Saïd. — Le canal de Suez. — Égypte. — Obock.

Deux jours encore de Méditerranée, toujours houleuse, et voici le feu de Damiette. Les lumières de Port-Saïd apparaissent, pâles, au niveau de l'eau. Quelques heures après, on salue la déserte et triste terre d'Égypte.

Pendant que le *Bien-Hoa* fait son charbon, on jette un coup d'œil sur la ville, ou plutôt sur le village de Port-Saïd. Ici, le port, les quartiers européens à peu près propres ; là, la cité arabe, composée de bazars tenus par des individus de toutes races et de toutes nationalités, des baraques, des tentes, d'immondes repaires où grouille une population déguenillée, sale, dégoûtante.... : tel est l'aspect que présente, dans son ensemble, la ville (?) de Port-Saïd.

Mais le temps passe. — On a hâte de fuir au plus tôt ces lieux malpropres dont les yeux se fatiguent. Le *Bien-Hoa* siffle. Bientôt après, l'énorme géant s'avance, lentement, entre les rives désertes du canal de Suez.

Appuyé sur le bastingage, le passager jette sur l'œuvre du « Grand Français » des regards étonnés Un canal, un vulgaire canal coulant au milieu d'une plaine immense et solitaire, à peine animée par quelques chameaux galeux, conduits par des arabes déguenillés : telle est la première impression que donne la merveille du XIX$^e$ siècle. Seule, dans cette contrée, la férocité du ciel et du soleil et la monotonie de sa sécheresse restent grandioses. C'est une solitude brûlante.

Mais il suffit de se remémorer l'histoire de l'entreprise pour comprendre tout ce qu'il y a de vraiment beau dans cette œuvre de de Lesseps.

Le canal a une largeur de 22 mètres et une profondeur de 8 mètres 50. Les navires ne peuvent par conséquent s'y croiser, si ce n'est dans les lacs amers ou aux gares. Mais, en 1890, des travaux étaient poussés activement à l'effet de donner au canal une largeur de 37 mètres et de cimenter ses berges. Il est probable que ces travaux sont aujourd'hui terminés.

La lenteur avec laquelle le *Bien-Hoa* parcourt le canal nous permet de jeter un coup d'œil attentif sur l'Égypte et de nous remémorer l'histoire de ce pays.

Aussi loin que la vue peut s'étendre, on n'aperçoit qu'une immense plaine brûlante et stérile que des mirages peuplent d'oasis fugitives et de chimériques végétations paraissant et disparaissant sans cesse. C'est à peine si, de distance en distance, apparaissent quelques touffes de verdure dont plusieurs chameaux se disputent la pâture.

La civilisation de l'Égypte est une des plus anciennes du monde. Les nombreux monuments dont les restes couvrent encore aujourd'hui ce pays, montrent quel degré de perfection il atteignit dans les arts, les lettres et les sciences.

L'Égypte resta jusqu'en 1880 sous le contrôle Anglo-Français ; mais la révolte du colonel Arabi-Pacha fournit à la vieille Albion le prétexte de s'emparer de la vallée du Nil et de placer du même coup l'Égypte tout entière sous son protectorat. Suez, cependant, nous resta, non sans difficultés. C'est là que le *Bien-Hoa* vient de s'arrêter un instant, juste le temps nécessaire pour prendre et déposer le courrier.

Enfin, le navire a retrouvé la *Grande Bleue*. On envoie
un salut d'adieu à l'Égypte, terre française malgré tout, —
terre française par l'histoire, par nos sacrifices d'argent et
de sang, par l'œuvre de de Lesseps, — et on descend dans
les batteries prendre un repos bien gagné.

La traversée de la mer Rouge, qui durera quatre jours,
n'offrira, d'ailleurs, rien d'intéressant. Une chaleur acca-
blante, insupportable, que peuvent à peine conjurer les
doubles toiles mouillées suspendues au-dessus du pont,
rappellera le passager au souci de sa santé et de sa vie. Il
devra alors rechercher les endroits les plus frais, éviter de
s'exposer aux rayons du soleil et porter constamment,
pendant le jour, le casque de liège dont il a dû se munir
avant son embarquement. Ces diverses précautions sont in-
dispensables pour éviter des malaises, des maux de tête,
voire même des insolations mortelles.

A babord et à tribord, les côtes se rapprochent, laissant
voir leurs lignes rocheuses. Nous entrons dans le détroit
de Bab-el-Mandeb. On aperçoit, au loin, l'île de Périm for-
tifiée, — fortifications platoniques, car, en cas de guerre,
un navire peut facilement, en passant par le grand détroit,
se tenir constamment hors de portée des canons de l'ile, —
et enfin on arrive devant Obock où le *Bien-Hoa* s'arrête
pendant deux heures

Très peu de choses à dire sur Obock. C'est un poste
malsain, dont l'importance, dit-on, est constestable. Il pa-
raît, cependant, avoir son utilité comme point de ravitaillement en cas de guerre maritime.

Le navire reprend sa marche en longeant la presqu'île de

Somalis, et bientôt nous perdons de vue les dernières ter-
res du cap Guardafui.

Maintenant nous voici en plein océan Indien, mer généralement calme. La vie à bord devient plus monotone
que jamais. Heureusement, les officiers ont eu l'excellente
idée d'organiser un concert. Quelques artistes des deux
sexes, qui se trouvaient parmi les passagers, ont bien voulu
prêter leur concours à cette sorte de divertissement, et nous
avons pu passer ainsi quelques bonnes soirées sur la du-
nette où tous les sous-officiers ont eu l'honneur d'être invités.

L'animation n'était pas moins grande à l'avant du navire
où les « Joyeux », toujours pleins d'entrain et de gaîté,
avaient organisé, eux aussi, des concerts à leur façon.

### Colombo.

Mais tous ces amusements cessent quand, du gaillard
d'avant, le matelot de service crie : Terre à tribord !... On
accourt ; toutes les lorgnettes se braquent dans la direction
indiquée.

Au bout de l'horizon, on aperçoit les côtes de Ceylan.
Encore quelques heures d'attente et nous sommes devant
Colombo, pays de la végétation et de la lumière.

La ville n'a rien de remarquable. On n'y trouve aucun
monument historique. Mais, par contre, quel beau paysage, quelle belle verdure ! Manguiers, cocotiers, pample-
mousses, papayers, corrassols, banians, jacquiers, et mille
autres plantes s'entremêlent, formant un de ces tableaux
naturels, dont l'élégance n'a jamais été réalisée par aucun

décorateur. Et plus on s'avance dans la campagne, plus la végétation apparaît énergique, éclatante, harmonieuse ! Poète ou non, on rêve de rester dans ces parages pour s'y laisser vivre…. Enfin, il faut s'arracher — trop tôt — à ces joies, à ces sensations. On reprend place sur le pont, tout en continuant d'admirer Colombo, puis on part, en emportant une impression ineffaçable.

## Singapoore.

Quelques jours après, nous arrivons dans le détroit de Malacca, non loin de Singapoore.

Les approches de cette ville sont des plus curieuses à voir. On dirait un immense lac intérieur, où s'arrondissent en corbeilles de verdure d'innombrables îlots dont la mer reflète la crête pittoresque. Le coup d'œil est féerique. Le navire s'avance lentement, entre ces rochers qu'il rase, et arrive dans le port où il s'amarre devant l'appontement de la Compagnie de Bornéo.

Singapoore est une ville très riche, très animée, très commerçante. Les faubourgs sont habités par plus de 100,000 Chinois qui se livrent à toutes sortes d'industries et au commerce le plus actif. Dans les quartiers neufs, on compte environ 50,000 Européens, sans parler des nombreux indigènes employés à leur service.

La végétation, sans être aussi grandiose qu'à Colombo, est néanmoins abondante. Les aréguiers, les ficus, les cocotiers, les bananiers, les manguiers y abondent, se détachant au milieu d'un paysage toujours vert.

## Saïgon.

Le signal du rassemblement vient de se faire entendre à bord. Quelques instants après, nous repartons, joyeux et impatients : — joyeux de fuir ce grand centre commercial où trop de pavillons étrangers nous rappellent les malheurs passés de notre belle France ; impatients de goûter le plaisir d'un demi rapatriement.

Ce plaisir va, en effet, nous être accordé. Déjà on aperçoit, à l'avant, l'extrémité du cap Saint-Jacques. Un instant de ralentissement pour prendre le pilote, quelques tours d'hélice encore, et nous arrivons dans l'embouchure du Mé-Kong. Cette fois, nous touchons à une terre française. Quelle joie pour tous !

L'horizon, à babord comme à tribord, s'allonge, plat et monotone. Une plaine immense que métallisent les rayons brûlants du soleil tropical ; partout des rizières sans fin, avec, çà et là, sous des palmes et derrière des haies de bananiers, des cases indigènes aux toitures de paillottes : telle est l'impression que donne le premier coup d'œil jeté sur notre Cochinchine. Impression peu favorable, plutôt triste, mais que modifiera bientôt la vue de Saïgon dont on aperçoit déjà la cathédrale.

Après six heures de navigation lente et pénible à travers les nombreuses courbes de la rivière, nous entrons dans le port que nous traversons sans nous arrêter au milieu d'une double haie de navires français dont les pavillons s'inclinent. Le *Bien-Hoa* doit, en effet, pour opérer son demi-tour, remonter le fleuve jusqu'au pont de fer, à un kilomètre de la ville.

Mais nous voici à Saïgon, au milieu de nos compatriotes ! Nous avons enfin retrouvé une nouvelle patrie. Lais-
sons les pessimistes développer leurs théories ; n'attachons
pas plus d'importance qu'il ne convient à leurs sempiter-
nelles critiques de nos principes colonisateurs, et conten-
tons-nous d'admirer notre belle Cochinchine.

A mon avis, et de l'avis de tous mes compagnons de
voyage, Saïgon est réellement un sujet d'étonnement. Aucun de nous n'espérait trouver dans notre Extrême-Orient
une ville aussi coquette, aussi régulièrement bâtie. Qu'on
en juge par l'aperçu qui va suivre.

Saïgon, vu de loin, présente l'aspect, non d'une ville,
mais d'un immense parc où l'on aperçoit seulement, se détachant sur un joli fond de verdure, les tours de la cathédrale, le palais du Gouverneur, les casernes de l'Infanterie
de marine et quelques autres bâtiments publics.

La ville occupe une superficie de plus de 400 hectares.
On y compte cinq grands boulevards, quarante rues et trois
quais. Toutes ces artères, tracées en ligne droite, sont parallèles ou perpendiculaires entre elles. Elles sont larges,
bien aérées, et bordées, de chaque côté, d'une double,
quelquefois d'une quadruple rangée d'arbres. Ceux-ci
étendent au loin leurs rameaux qui s'entremêlent, formant
ainsi, au-dessus de chaque rue, un superbe dôme de verdure.

Des fontaines, placées de distance en distance, répandent
dans la ville une fraîcheur agréable qui, malgré une température de 45 degrés, permet de circuler à toute heure de
la journée.

La rue Catinat est la plus animée. C'est là que se sont installés la plupart de nos compatriotes, hôteliers, cafetiers, épiciers, négociants en tous genres

Comme dans toutes les villes tropicales, des vérandas entourent les maisons, et le traditionnel paknah voltige partout.

Les constructions les plus remarquables sont : le palais du Gouverneur, situé à l'entrée du boulevard Norodom ; c'est un bâtiment imposant, vraiment digne d'une grande capitale.

La cathédrale, construction en briques rouges, plus belle de loin que de près ; les casernes de l'Infauterie de marine, superbes, vastes, aérées, avec de jolies vérandas à tous les étages ; l'hôtel du Général, le Cercle militaire, le Palais de Justice, le Trésor, la Poste, la Direction de l'Intérieur, l'Hôpital, etc...

Citons aussi les statues de Rigault de Genouilly, de Francis Garnier ; le square Charner, l'arsenal, l'orphelinat de la Sainte-Enfance, le monument de Doudart de Lagrée.

Saïgon possède plusieurs promenades, entre autres, le jardin de la ville qui est vaste, uni, sillonné de magnifiques allées et décoré de cette belle verdure orientale, si éclatante de tons et d'harmonie, que les Européens ne se lassent jamais d'admirer. On y trouve toutes sortes d'animaux captifs, les fauves de l'Asie et particulièrement les tigres qu'il faut voir là, dans leur pays, où ils sont plus gros et paraissent autrement terribles que dans nos ménageries.

Pour terminer cette très incomplète description de Saïgon, ajoutons que la ville renferme environ 20,000 habi-

tants, dont plus d'un milier de Français ; qn'elle possède
un chemin de fer, un tramway, un collège, une école pri-
maire, une académie, uu tribunal de première instance et
de simple police, une cour d'appel, un commissariat de
police, une imprimerie, etc... ; qu'il y existe une société
de courses, une société philharmonique, des voitures publiques, des barques de passage etc.., — en un mot tout
ce qui rend la vie agréable et utile, tout ce que l'on trouve
dans nos grandes villes de France.

## Tourane.

Nos deux journées de séjour à Saïgon sont écoulées. Le
*Bien-Hoa* siffle. Bientôt après il est en marche.

Six heures encore de manœuvres lentes dans les eaux
boueuses du Mé-Kong, et nous nous retrouvons à hauteur
du cap Saiut-Jacques que nous contournons pour marcher
ensuite dans la direction Sud-Est-Nord-Ouest.

Deux jours plus tard, le *Bien-Hoa* ancre dans la baie
de Tourane.

On est à la date du 5 mai 1889, centième anniversaire
de l'ouverture des États-Généraux. A cette occasion, toutes
les embarcations amarrées dans le port ont arboré des drapeaux tricolores. Le *Bien-Hoa*, à son tour, hisse les cou-
leurs nationales. Cette patriotique manifestation, si impo-
sante dans sa simplicité, fait battre tous les cœurs. On
pense à la France, à son passé, à cette période sanglante
de 1789, et aussi à ces immortels soldats de l'an II, morts
en héros pour la cause sacrée de la patrie, de la civilisation
et de la liberté. Ces souvenirs raniment notre ardeur guer-

rière et nous font regarder avec plus de mépris les dangers qui semblent nous menacer là-bas, dans ce Tonkin où nous allons, à notre tour, combattre pour la France.

Mais il ne faut pas que l'émotion causée par la solennité, aussi touchante qu'imprévue, à laquelle nous venons d'assister, à trois mille lieues de la patrie, nous empêche de jeter un coup d'œil sur Tourane.

La ville, en elle-même, n'est rien, ou presque rien ; mais, par sa situation à 85 kilomètres de Hué et par sa position au fond d'un bassin qui peut servir de mouillage aux plus grands navires, elle est destinée à prendre une grande importance. Tourane est, d'ailleurs, le meilleur port de l'Annam. Sa baie, qui est parfaitement abritée, atteint déjà une profondeur de 7 à 8 mètres. Encore quelques travaux, et elle sera dans de très bonnes conditions.

### L'arrivée. — La baie d'Alung.

Nous touchons enfin au terme de notre voyage sur mer. Le *Bien-Hoa* traverse rapidement le golfe du Tonkin, et, le lendemain, nous apercevons le sol tant rêvé.

C'est d'abord la baie d'Alung, unique en son genre, qui s'offre à nos regards étonnés. Ici nous retrouvons cette multitude de rochers, aux formes bizarres, que nous avons admirés déjà aux approches de Singapoore. Le navire s'avance lentement par une des allées de cette sorte de labyrinthe, et ancre au milieu d'un magnifique cirque de verdure, à proximité de l'embouchure du fleuve Rouge. Un instant après, le « *Tigre* » apparaît, faisant entendre le cri strident du fauve dont il porte le nom. Nous passons d'un bord à l'autre, puis nous partons, quittant ainsi — sans regret — le *Bien-Hoa* qui ne peut faire mouvoir sa lourde masse dans les eaux du fleuve Rouge.

Deux heures plus tard, nous débarquons à Haïphong.

Ayant mis le pied sur le sol du Tonkin, je devrais peut-être dès maintenant donner quelques renseignements généraux sur notre colonie ; mais, comme on va le voir, mon voyage est loin d'être terminé, et je crois devoir, jusqu'à ce que je sois définitivement installé, me borner simplement, comme je l'ai fait jusqu'ici, à raconter les choses que j'ai vues et les impressions que j'ai ressenties à mon passage.

## De Haïphong à Da-Bac.

Arrivés à Haïphong, mes collègues et moi nous nous dirigeons vers le camp des Tonkinois où nous sommes reçus avec enthousiasme par les sous-officiers de la garnison. Nous constatons ainsi, dès notre arrivée, ce lien puissant de solidarité qui, au Tonkin, a toujours uni si étroitement les sous-officiers des différents corps.

Après avoir pris, *en famille*, un dîner réconfortant, nous nous disposons à faire notre première sortie dans la ville.

L'atmosphère est couverte d'épais nuages, à peine traversés par de rares et fugitifs rayons de soleil. C'est assez pour nous faire jeter le casque en liège et reprendre notre képi entouré seulement d'un couvre-nuque. Heureusement, nous rencontrons bientôt un officier qui, étonné de notre imprudence, nous invite à rentrer au plus vite dans nos logements. Sortis à nouveau, entourés cette fois de toutes les précautions nécessaires pour éviter une insolation, nous visitons, dans tous ses détails, la ville d'Haïphong.

Pour mon compte personnel, j'ai été frappé — je le dis bien vite — des progrès réalisés en si peu de temps dans cette place. Il suffit, en effet, d'un coup d'œil rapide pour se faire une idée juste de ce qu'était ce poste avant notre occupation. Quelques rangées de misérables cabanes en paille se dressant, çà et là, entre les divers bras du fleuve Rouge ; quelques sampans couverts servant de refuge à des familles entières de pêcheurs ; plus loin, sept ou huit commerçants chinois : c'est tout. Depuis, des maisons se sont bâties, des rues — de nombreuses et belles rues — se sont créées, et aujourd'hui Haïphong est devenu une véritable ville, bien construite, avec ses quais, ses boulevards, son marché couvert, son champ de courses, ses hôtels, ses cafés, etc...

Haïphong est le seul port du Tonkin. Or, en raison du bel avenir qui est réservé à notre colonie, il est certainement destiné à devenir un centre commercial important. Quelques travaux sont encore nécessaires pour rendre le fleuve accessible aux plus grands transports ; mais c'est là un inconvénient qui disparaîtra facilement le jour où le besoin s'en fera sentir. Mais, craignant de rester au-dessous de la réalité, nous ne nous étendrons pas davantage sur cette ville qui, paraît-il, depuis notre départ, s'est complètement métamorphosée.

Nous nous rendons ensuite à Haï-Dzuong, grand centre de populations indigènes. Pour la première fois, nous nous trouvons en contact avec nos collègues du 4ᵉ tirailleurs tonkinois. La réception est chaude, animée, brillante. Tous les cœurs battent à l'unisson en souvenir de la France.

C'est d'abord un officier supérieur, homme très expérimenté et très sage, qui, en des termes touchants, nous adresse ses souhaits de bienvenue. Puis ce sont les sous-officiers qui se pressent autour de nous de la façon la plus aimable et la plus obligeante. Ils nous conduisent à la *popote*, où un dîner succulent nous est servi. Enfin, une soirée pleine d'entrain et de gaîté — une de ces soirées que l'on n'oublie jamais — termine cette belle journée.

Le lendemain, j'apprends que je suis affecté à la 11ᵉ compagnie, premier peloton, poste de Maï-Xu.

Semblable à l'enfant qui feuillette rapidement les pages d'un roman pour arriver plus tôt au dénouement, je voudrais partir le jour même, pour me rendre à mon poste. Mais, pour des raisons qui s'expliquent facilement sur un territoire en état de guerre, je dois attendre, pour me mettre en route, le départ du convoi de ravitaillement du poste de Lam. Il me faut rester huit jours encore à Haï-Dzuong.

Le 15 mai, je quitte cette place, et le même jour j'arrive à Lam, poste militaire assez important.

Je suis ici dans une contrée fréquentée par le tigre. Les plus grandes précautions sont à prendre pour éviter d'être assailli par ce fauve qui vient chaque nuit rôder autour du poste, et qui ne craint pas, — le cas s'est produit au moment de mon passage, — de franchir l'enceinte et de parcourir le camp.

Enfin, voici un nouveau convoi qui doit me conduire à Maï-Xu. Je serre la main aux collègues de Lam, devenus des amis, — des frères, suivant l'expression employée là-bas, — et je pars.

Après six heures de marche pénible à travers les coteaux, les vallées et les bois, j'arrive, le même jour, à destination.

Le poste de Maï-Xu est construit sur le sommet d'un mamelon qui domine plusieurs villages indigènes. Les contrées environnantes, fortement accidentées et boisées, se prêtent admirablement aux incursions des bandes pirates. Aussi, celles ci sont-elles toujours nombreuses dans cette contrée, malgré l'activité et les efforts incessants d'une garnison toujours en mouvement.

Je n'ai pas l'intention, certes, de relater, dans ce récit, les nombreux incidents qui ont marqué ma vie militaire au Tonkin. Il me faudrait, d'ailleurs, pour cela, dépasser considérablement le cadre restreint que je me suis tracé. En outre, s'il m'est toujours agréable de parler de choses que j'ai vues, il me répugne, au contraire, de raconter celles que j'ai faite .

Cependant, je demande la permission de déroger au principe posé ci-dessus pour rappeler la première reconnaissance que j'ai été appelé à faire dans les environs de Maï Xu. Si je tiens à parler de cette opération, de préférence à tant d'autres, c'est parce que, n'ayant abouti à aucun résultat, je n'ai eu aucun mérite à la diriger.

J'étais installé depuis quelques jours seulement, lorsque, vers onze heures du soir, un Lithuong (maire) se présente au poste, disant qu'une bande pirate se dispose à mettre son village au pillage.

Trente hommes, dont dix légionnaires et vingt tirailleurs, reçoivent immédiatement l'ordre de partir. En ma qualité de jeune sous-officier, je suis désigné pour prendre le commandement de cette troupe. Un quart d'heure après, le détachement est rassemblé. Je passe une revue rapide des munitions et des armes, puis, je fais partir successivement les divers échelons de la colonne.

Il est minuit. Le ciel est couvert d'épais nuages qui rendent la nuit obscure. La petite troupe chemine lentement, péniblement, jusqu'à la lisière d'un bois où il faut pénétrer.

Ici les difficultés augmentent. Il n'y a aucun sentier, et l'obscurité est complète. Pendant une heure, nous marchons à tâtons, sans direction, nous heurtant et nous accrochant, à chaque instant, aux arbres qui se trouvent devant nous. De plus, la pente est rapide ; on est parfois obligé de se laisser glisser sur le dos.

Mais la situation va devenir plus critique encore. Déjà, on entend, au loin, les sourds grondements du tonnerre. Les éclairs sillonnent le ciel en tous sens. C'est l'orage qui s'annonce. Tout à coup, un coup de vent violent éteint nos torches, et la pluie, — une pluie diluvienne, comme on n'en voit jamais en France, — commence à tomber.

Les torches éteintes ! *Con-houm ! Con-houm !* (1) Tels sont les cris qui se répètent d'une extrémité à l'autre de la colonne. Tout d'abord, je ne veux pas croire au danger ;

_______________

(1) Tigre.

mais, devant l'effroi des indigènes, je suis obligé de me rendre à l'évidence. Il me faut donc prendre des dispositions de combat contre ce *beau monsieur* le tigre qui est un objet de terreur pour les Annamites. Je fais alors mettre baïonnette au canon et je forme le détachement en cercle, face.... à l'ennemi !

Ce n'est qu'après deux heures d'attente dans cette position que nous pouvons enfin, à l'apparition des premières lueurs de l'aurore, reprendre notre marche en avant.

A huit heures du matin, nous entrons dans le village menacé. Tout est calme  Les pirates ne sont pas venus. Il est même impossible d'obtenir des indications précises sur le lieu de leur retraite. L'idée me vient, néanmoins, de pousser plus loin la reconnaissance, de me diriger vers les montagnes, de fouiller les ravins et les bois jusqu'à ce que j'arrive sur un repaire ennemi. Mais, après un instant de réflexion, je juge prudent de renoncer à ce projet téméraire.

Je prends ainsi, — bien à regret, — la résolution de rentrer bredouille au poste.

Tel a été le premier acte de ma vie militaire au Tonkin.

Infructueuse comme résultat matériel, cette reconnaissance n'en a pas moins été pour moi très instructive. Elle m'a donnée une idée à peu près juste de la vie de campagne.

Je reste quelques jours encore à Maï-Xu, puis je reçois l'ordre de me rendre à Da-Bac, poste occupé par le 2° peloton de la 11° compagnie.

Je repasse par Lam, dont j'ai déjà parlé, et, de là, je me rends, par voie fluviale, aux Sept-Pagodes (Falai).

Ce dernier poste est l'un des plus sains, des plus importants et des plus agréablement situés du Tonkin. Du camp des Tonkinois, situé sur le sommet d'un mamelon, on jouit d'un coup d'œil superbe. D'un côté, s'étend une plaine immense, sillonnée de nombreux cours d'eau, et au milieu de laquelle se détachent, comme autant de bosquets toujours verts, des villages indigènes entourés de bambous ; de l'autre, un vaste chaos de plaines, de coteaux, de vallons, formant un tout pittoresque et harmonieux.

Comme conséquence de sa position naturelle, Sept-Pagodes jouit d'un climat tempéré. Un vent frais et léger y souffle d'une façon à peu près invariable. Or, si on ajoute à ces avantages déjà considérables celui non moins important de pouvoir se procurer à volonté, et dans les meilleures conditions possibles, les vivres dont on a besoin, on admettra que nos compatriotes ne sont pas très malheureux dans ce poste privilégié.

## Da-Bac.

Enfin, voici le convoi qui doit me conduire à ma destination définitive. Il me faut quitter cette belle résidence de Sept-Pagodes pour me rendre à Da-Bac, pays solitaire et malsain.

Tous les sous-officiers qui m'ont précédé dans ce poste ont dû en être évacués à la suite de maladies graves. La perspective n'est donc pas rassurante. Néanmoins, toujours animé de cette ardeur juvénile qui rend inconscient du danger, je pars sans aucune inquiétude. N'ai-je pas, d'ailleurs, des raisons d'être las de l'existence vagabonde qui m'a été imposée jusqu'ici ? Ce que je désire, avant tout, c'est une installation définitive qui me permette enfin de faire mon métier de soldat.

Après six ou sept heures de marche, le convoi arrive en vue de Da-Bac. Bientôt après, nous pénétrons dans l'enceinte du poste.

L'accueil qui m'est fait à mon arrivée, par les officiers et les sous-officiers, m'a profondément touché. Jamais je n'avais espéré trouver des chefs si bienveillants et des collègues si aimables.

Mais parlons maintenant de Da-Bac.

Ce poste est situé au milieu d'une plaine que dominent, tout autour, des montagnes boisées. Les fortifications consistent en une sorte de tranchée-abri perfectionnée, dont le tracé, en forme de redoute fermée, a environ 400 mètres de développement. Des miradors de 4 mètres de hauteur sont élevés aux deux angles opposés, Nord et Sud ; ils ont pour but, en cas d'attaque, de fournir des feux obliques dans plusieurs directions, et, en temps ordinaire, de protéger les sentinelles contre les attaques du tigre.

Ce poste, en somme, est assez bien construit. Les fortifications, il est vrai, ne pourraient résister au tir de l'artillerie, mais c'est là un inconvénient d'une importance secondaire, attendu que les bandes pirates possèdent rarement des canons et que, dans le cas d'une guerre régulière, le poste serait vraisemblablement abandonné,

Sous le rapport du climat, Da-Bac justifie son renom de pays malsain. Les maladies — les fièvres surtout — y sont fréquentes ; elles atteignent non seulement les européens, mais les indigènes eux mêmes. Les sous-officiers du 4e ti-

railleurs tonkinois ont été particulièrement éprouvés. Aucun d'eux n'a pu jusqu'alors séjourner plus de quelques
mois dans le poste. Quelques-uns sont morts ; les autres ont
dû être rapatriés pour raison de santé.

Quelles sont les causes de ces maladies ? Elles sont, je
crois, assez difficiles à déterminer. Le poste est entouré, il
est vrai, de quelques rizières ; mais Sept-Pagodes, qui est
très sain, a des environs bien plus marécageux. Il y a aussi,
à peu de distance du poste, des montagnes boisées qui sont
restées encore, pour la plupart, à l'état de forêts vierges
Mais combien d'autres postes sont, sous ce rapport, dans
le même cas que Da-Bac, sans avoir un climat aussi meur-
trier ? Enfin, j'avoue que je n'ai jamais pu m'expliquer les
maladies qui ont toujours affligé si profondément la garnison de ce poste.

Mais me voilà maintenant installé ; mes instants de loisir,
qui commencent à devenir plus nombreux et plus longs,
m'appellent tout naturellement à une première étnde du
Tonkin.

Je commencerai par un rapide coup d'œil sur l'histoire
de la conquête.

## Histoire de la conquête.

Le Tonkin, conquis et civilisé par les Chinois très longtemps avant J.-C., dut subir, pendant plusieurs siècles,
le joug du Céleste-Empire.

Redevenu libre vers 968, il fut gouverné par quatre
dynasties successives, puis il retomba de nouveau sous la

dépendance chinoise jusqu'en 1428, époque à laquelle il fut placé sous le gouvernement des Lé.

En 1802, le Tonkin fut réuni à l'Empire d'Annam, mais sa soumission à ce pays ne fut jamais complète.

Vers 1865, il fut envahi par une armée de rebelles Chinois, forte de 4,000 hommes, qui arriva en face d'Hanoï. 10.000 chinois, accourus au secours de l'empereur d'Annam, vassal du Céleste-Empire, repoussèrent ces révoltés jusque dans les montagnes de l'Ouest, mais il ne purent les exterminer. Les insurgés se divisèrent alors en deux branches : l'une, connue sous le nom de Pavillons Jaunes, se réfugia dans les montagnes et se dispersa peu à peu ; l'autre, celle des Pavillons Noirs, redescendit dans la plaine, entraîna avec elle un grand nombre d'autres pillards qu'elle rencontra sur sa route, et finit par se rendre maîtresse d'une grande partie du fleuve Rouge.

La situation déplorable où se trouvait alors le Tonkin inspira au gouvernement français l'idée de s'emparer de ce pays. Le capitaine Doudard de Lagrée reçut des instructions dans ce sens. Parti de Saïgon le 5 juin 1866, il explora le territoire des Laos et entra dans le Yunnam.

Sept ans plus tard, un négociant français, nommé Dupuis, après avoir exploré presque tout le cours du fleuve Rouge, proposa au contre-amiral Dupré, gouverneur de la Cochinchine, de rétablir l'ancienne dynastie des Lé, et de placer, sans qu'il en coûtât à la France ni un homme, ni un sou, le Tonkin tout entier sous notre protectorat. Mais en même temps Dupuis vendait aux insurgés des armes qui devaient plus tard servir contre nous. En outre, il

se livrait à la contrebande du sel, si bien que le gouvernement Annamite pria l'amiral Dupré de rappeler à l'ordre
son trop entreprenant compatriote. Le contre-amiral en-
voya sur les lieux le lieutenant Garnier pour surveiller la
conduite de Dupuis et faire une enquête sur la plainte du
gouvernement Annamite.

Arrivé le 5 novembre 1873 devant Hanoï, avec une ca-
nonnière, des jonques et un petit corps d'embarquement,
Garnier, après quelques pourparlers, approuva la conduite de
Dupuis, et, le 20 novembre, il attaqua, sans déclaration de
guerre, la citadelle d'Hanoï, vaste carré bastionné construit
par des officiers français. A la tête de 200 hommes seulement, il bouscula plus de 6,000 soldats retranchés dans
cette forteresse, dont il s'empara presque sans combat.

Après cette acte d'audace, Garnier songea à rétablir la
dynastie des Lé. A cet effet, il lança des expéditions dans
plusieurs directions et s'empara de quelques places du
Delta. Mais il ne sut pas ménager les susceptibilités des ha-
bitants qui, exaspérés, appelèrent à leur secours les Pavillons Noirs. L'intervention de ces derniers ne se fit pas attendre. Quittant Sontay, leur quartier général, ils descen-
dirent dans le Delta et attaquèrent inopinément Hanoï, le
21 décembre. C'est en repoussant cette attaque que Garnier fut tué par des Pavillons Noirs cachés derrière une
digue. Sa mort fut suivie d'un traité signé à Saïgon, traité
qui reconnut implicitement notre protectorat sur le Tonkin.

L'empereur d'Annam, Tu-Duc, ne se déclara pas satisfait,
car, vers la fin de 1878, il demanda au gouvernement Chinois des secours contre une bande de rebelles qui s'étaient

emparés de Lang-Son. Ces secours furent accordés, des troupes chinoises s'emparèrent de Lang-Son et occupèrent une partie du pays placé sous notre protectorat. Cette violation du traité de 1874 irrita tout naturellement le gouvernement Français qui demanda et obtint un crédit de deux millions quatre cent mille francs pour rétablir l'ordre au Tonkin.

Une nouvelle expédition, à peu près dans le genre de celle de Garnier, fut confiée au commandant Rivière. Ce dernier quitta Saïgon le 26 mars 1882, arriva à Haïphong le 1er avril, y embarqua ses soldats sur des navires affrétés d'avance, et arriva le 3 avril à Hanoï, où il cantonna ses troupes sur la concession française. Quelques jours après, il s'empara tout à coup de la citadelle qu'il démantela. Puis, ayant reçu 800 hommes de renfort, il prit résolûment l'offensive contre les Chinois et les Pavillons Noirs, alliés ensemble.

Le 27 mars 1883, Rivière s'empara de Nam-Ding, où il laissa une garnison. Rentré ensuite à Hanoï, que les insurgés avaient attaqué pendant son absence, il voulut dégager la place et fit une sortie malheureuse (19 mai). L'ennemi, embusqué dans des villages sur la route de Sontay, opposa une résistance énergique.

Après une heure de lutte, nous fûmes obligés de nous retirer. Pendant le désordre de la retraite, Rivière voulut sauver une pièce d'artillerie privée de ses servants, et fut tué, ainsi que plusieurs officiers.

Cette fois, la guerre commença.

Des mesures énergiques furent prises, des renforts furent

envoyés et on nomma le général Bouët commandant supérieur des troupes de terre et de mer, avec l'amiral Courbet comme chef de la division navale.

Arrivé au Tonkin, le général Bouët dégagea plusieurs villages, remporta plusieurs succès sur les Pavillons Noirs et organisa une troupe indigène sous le nom de Pavillons Jaunes.

L'amiral Courbet, de son côté, débarquant dans la baie de Tourane, repoussait les troupes Annamites à Thuan-An et menaçait Hué (21 août). Aussitôt, le roi Huip-Hoa, successeur de Tu-Duc, s'empressa de reconnaître, par un traité, notre protectorat sur le Tonkin et l'Annam.

Le 25 octobre, l'amiral Courbet était nommé commandant en chef des troupes de terre et de mer, en remplacement du général Bouët, qui n'avait pu s'entendre avec l'autorité civile. Le corps expéditionnaire comprenait alors dix mille hommes, plus trois mille auxiliaires indigènes. L'amiral résolut de frapper un grand coup. — Sontay, quartier général des Pavillons Noirs, devint son objectif. Il quitta Hanoï le 10 décembre à la tête de huit mille hommes, de sept canonnières et d'un grand nombre de chaloupes à vapeur, et attaqua, le 14, la position ennemie qu'il enleva après un combat acharné de quatre jours

Ce brillant fait d'armes décida le gouvernement Français à tenter une campagne définitive. La Chambre vota de nouveaux crédits et des renforts furent envoyés au Tonkin. Mais les troupes de terre devant se joindre à celles de mer, le glorieux vainqueur de Sontay dut abandonner le commandement en chef au général Millot.

Ce dernier se disposa à marcher sur Bac-Ning, place défendue par plus de vingt forts détachés et par une forte armée chinoise. Pour cette opération, le général disposa ses troupes (11,000 hommes) en deux brigades : l'une, confiée au général de Négrier, devait opérer de façon à couper la ligne de retraite de l'ennemi ; l'autre, commandée par le général Brière de L'Isle, devait marcher directement sur Bac-Ning. Ce fut le général de Négrier qui, après une série de combats, arriva le premier dans la ville.

Le 12 mars, Bac-Ning était en notre pouvoir.

Indépendamment d'une centaine de canons, on trouva dans la place un grand nombre de drapeaux qui furent envoyés à Paris et déposés aux Invalides, à côté de tant d'autres trophées qui rappellent nos gloires passées.

Quelques jours plus tard, le corps expéditionnaire marcha contre Hong-Hoa, où nous entrâmes sans combat, le 15 avril 1884. Quinze jours après, Tuyen-Quan se rendit sans opposer plus de résistance. Mais le gouvernement chinois, effrayé par ces divers succès, intervint et essaya d'arrêter, par voie diplomatique, la marche de nos troupes. Le cabinet français se décida à entamer des négociations qui aboutirent au traité de Tien-Tsen (11 mai 1884).

Le Tonkin était reconnu possession française et les troupes chinoises devaient l'évacuer.

Mais il fallait peu connaître la mauvaise foi de ce peuple sauvage pour croire à la sincérité de ses engagements. Le traité de Tien-Tsen n'avait été signé par le gouvernement du Milieu que dans le but d'arrêter la marche victorieuse de nos troupes, et de permettre aux armées chinoises de se reformer pour reprendre ensuite l'offensive. Aussi, lorsque le colonel Dugenne, à la tête d'une petite colonne, s'avança vers Lang-Son, il tomba tout à coup, au delà de Bac-Lé, sur une armée de réguliers Chinois, très supérieure en nombre et parfaitement organisée. Les ennemis barraient la route et tenaient toutes les gorges des montagnes. Le colonel Dugenne s'engagea résolûment sous un feu violent. Le combat dura deux jours ; mais, à la fin de la deuxième journée, notre petite troupe, qui avait déjà perdu plus de cent hommes, se trouva enveloppée. Le colonel Dugenne parvint néanmoins, à force d'énergie et de sang-froid, à sortir de cette situation périlleuse. Il rentra, le 28 juin, à Hanoï, sans s'être laissé entamer.

Cette fois, la guerre allait commencer plus acharnée que jamais. C'est en vain que le gouvernement chinois, pour expliquer le guet-apens de Bac-Lé, essaya de se retrancher derrière un soi-disant malentendu ; sa mauvaise foi paraissait trop évidente, et la France lança un ultimatum pour réclamer 250,000,000 d'indemnité. La Chine offrit quatre millions seulement et demanda de nouveaux délais qui lui furent accordés. Toutefois, l'amiral Courbet franchit les passes du Min et arriva devant l'arsenal de Fou-Tchéou où il dut attendre des ordres pour ouvrir le feu. Sa situation devant cette ville devint surtout périlleuse après l'affaire de Kélung, où l'amiral Lespès subit un échec. Enfin, après beaucoup d'hésitation, le gouvernement français résolut de bombarder Fou-Tchéou. Le lendemain, la bataille s'engagea. La flotte ennemie fut détruite par nos torpilleurs, et les forts de la côte durent cesser le feu.

Le 30 août 1884, le général Millot, atteint de maladie, céda le commandement en chef au général Brière de L'Isle.

La Chine faisait de grands préparatifs de guerre; il fallut prendre des mesures de prudence pour assurer le succès.

Le 1er octobre, l'amiral Courbet occupa Kélung, mais le 4, il fut forcé de se tenir sur la défensive, en présence d'une résistance inattendue. Au même moment, l'amiral Lespès subissait un échec assez grave devant Tamsui.

Sur terre, nos troupes étaient plus heureuses. Le général Brière de L'Isle, après de brillants combats autour de Kep, était entré dans cette ville le 9 octobre. Cet important succès permit au général de se retourner contre les Pavillons Noirs qui assiégeaient Tuyen-Quan, et de sauver l'héroïque petite garnison qui, sous les ordres du commandant Dominé, s'était distinguée d'une façon toute particulière.

Pendant ce temps Courbet et Négrier ne restaient pas inactifs : le premier déclarait le blocus de Formose, et le second remportait une victoire importante à Muidop (5 janvier 1885).

Le gouvernement français fit alors partir pour le Tonkin des renforts considérables qui portèrent à quarante mille hommes l'effectif du corps expéditionnaire.

Dans la nuit du 15 au 16 février, l'amiral Courbet fit sauter par ses torpilleurs un navire chinois qu'il surprit dans la rade de Sheipou.

De son côté, le général de Négrier, qui continuait ses opérations sur la frontière chinoise, obtint de nombreux avantages et entra à Lang-Son le 13 février. Poussant en avant, il pénétra en Chine, où il se trouva tout à coup en présence d'une nombreuse armée ennemie parfaitement organisée. Sa brigade, affaiblie par les combats et les maladies, ne put tenir. Elle se retira en combattant jusqu'à Lang-Son. Un dernier combat eut lieu, le 28, dans la plaine de Ki-Lua. Après une lutte terrible, l'ennemi, qui croyait nous entourer, dut reculer. Alors, notre artillerie, placée en arrière du Song-Ki-Kong, sur une éminence, le foudroya.

Les pertes des chinois furent énormes ; ils ne purent ramasser leurs morts, en laissèrent 1,200 sur le champ de bataille, et leur déroute — on le sut depuis — fut telle que les marchands de Nam-Ning furent pris de panique et expédièrent sur Canton leurs familles et leur argent.

Par malheur, au moment où commençait la fuite des chinois, le général de Négrier fut grièvement blessé. Au milieu de la fumée des pièces et du tapage de l'action, on ne savait pas encore en ce moment, dans ce cirque de montagnes, quelle était l'issue du combat, et le lieutenant-colonel Herbinger, à qui revint inopinément le commandement, crut devoir battre en retraite. On vit donc cette chose incroyable : *Vainqueurs et vaincus se tournant le... dos.*

Telle fut cette malheureuse affaire de Lang-Son qui, sans la blessure du général de Négrier, eût été une victoire éclatante pour nos troupes, et que l'histoire a déjà enregistrée comme un désastre ! !

Heureusement, notre marine se battait en même temps et remportait d'importants succès. Les 29, 30 et 31 mars, l'amiral Courbet s'empara des Iles Pescadors. De leur côté, les troupes de Formose remportaient des succès signalés autour de Kélung. On allait reprendre vigoureusement l'offensive, lorsque le gouvernement chinois offrit la paix.

Les négociations reprirent secrètement sur les bases du traité de Tien-Tsin et, après de longs pourparlers, la paix fut conclue le 9 juin 1885.

## Situation géographique.

## Villes principales.

Le Tonkin est situé entre le 20° et le 23° de latitude Nord et le 102° et 106° de longitude Est. Sa longueur est de 400 kilomètres de l'Est à l'Ouest, et sa largeur de 350 kilomètres environ. Il est borné, au Nord, par la Chine ; à l'Ouest, par les pays indépendants des Laos ; au Sud, par l'Annam ; et à l'Est, par le golfe du Tonkin.

Ce pays est sillonné, dans toutes les directions, par un grand nombre de cours d'eau dont le plus important est le fleuve Rouge ou Song-Koï. Ce dernier prend sa source en Chine, près de King-Tong (province de Yunnam), entre au Tonkin près de Lao-Kay et se jette dans la mer au Sud d'Haïphong, après un cours de 660 kilomètres. Ses principaux affluents sont, sur la rive droite : la rivière Noire ou Song-Da-Giang, qui le rejoint à Hong-Hoa, et, sur la rive gauche, la rivière Claire ou Lo-Giang, qui afflue à Sontay.

A plus de 100 kilomètres de son embouchure, le fleuve Rouge se divise en un grand nombre de branches qui forment un vaste Delta de 120 kilomètres de largeur. Ce Delta est lui-même arrosé par de nombreux canaux ou bras de fleuve, dont les plus importants sont : canal des Rapides, Song-Ca-Bac, Cua-Cam, Cua-Tham-Binh, Cua-Tra-Li, Bat-Tat, Long-La ou rivière Rouge, Song-Kat ou rivière Dai, etc....

Les principales villes du Tonkin sont, dans le Delta : Hanoï, Haïphong, Hong-Hien, Nam-Ding, Ning-Bing, Bac-Ning, Haï-Dzuong, Sept-Pagodes, Son-Tay, Phu-Lang-Thuong, etc.... ; dans les hautes régions : Lang-Son, Ki-Lua, Dong-Dang, Dong-Ké, Cao-Bang, Lao-Kay, etc......

## Aspect général.

### Le Tonkin pittoresque.

Le Delta, ainsi que son nom l'indique, est une vaste plaine, monotonement plate. Aussi loin que la vue peut s'étendre, on ne voit que des champs de riz succédant à des champs de riz. Deux teintes de vert se détachent de cette immensité. L'une, la plus foncée, a la couleur de nos jeunes blés, — riz semé, aux tiges rapprochées, dont les vagues, quand souffle la brise, ont un fugitif reflet d'argent. L'autre est une teinte plus claire, couleur émeraude mouillée, — riz repiqué sur des sillons dont les innombrables files se perdent à l'horizon. L'une et l'autre se touchent, par damiers, formant un immense échiquier qui s'étale, durant des lieues, jusqu'à ce que l'éternel tapis vert se confonde avec le ciel.

Toutes ces rizières baignent dans l'eau. Sans relâche, de tous ses pores, cette terre sue, et l'admirable agriculture aunamite active encore, par une irrigation continue, cette transpiration féconde. Sous les rayons ardents du soleil tropical, cette humidité fermente et s'évapore ; mais elle est incessamment renouvelée par la fréquence des pluies. C'est donc une lutte incessante entre le soleil et la terre, — lutte où celle-ci demeure victorieuse.

Dans ce vaste Delta, on marche, on marche toujours, et toujours on aperçoit ces mêmes champs de riz, cette même plaine monotonement plate, avec, seulement, de distance en distance, quelques rares monticules couverts de bambous.

Ici et là se dressent, épars et nombreux, les villages annamites sur lesquels l'attention se fixe. Pas de toits apparents dans ces villages qui disparaissent complètement sous les bambous. Vues de loin, ces agglomérations indigènes présentent l'aspect de magnifiques bosquets toujours verts, Ce sont de véritables forteresses au sein desquelles on pénètre par quelques portes seulement.

Parfois on découvre aussi, véritable oasis, une rustique pagode, avec ses pins parasols et ses ficus séculaires et sacrés.

Tel est, dépeint en quelques mots, l'aspect général du Delta.

Parlons maintenant des hautes régions.

S'il existe sur terre un pays digne d'attirer la curiosité et de fixer l'attention du touriste, c'est bien, vraiment, celui dont nous allons nous occuper.

Quel contraste avec ce que nous venons de voir ! Ici, plus de plaines, plus de marécages ; de la verdure encore, mais d'une teinte plus foncée, moins éclatante.

En d'autres termes, partout des montagnes, partout de la brousse et des bois.

Aussi loin que l'on puisse pénétrer dans cette contrée, on n'aperçoit autour de soi qu'une suite ininterrompue de coteaux abrupts, de ravins profonds, d'excavations et de mamelons isolés, le tout se présentant à la vue dans une confusion extrême. Là, pas de directions précises, pas de crêtes parallèles ou perpendiculaires, comme dans les massifs montagneux de l'Europe : simplement un vaste chaos où se trouvent réunies, pêle-mêle, toutes les formes de terrain que présente la surface terrestre.

Ici, une immense forêt vierge, où les végétaux les plus divers, réunis entre eux par d'innombrables lianes, s'entremêlent en un fouillis impénétrable ; là, un arroyo ou torrent qui s'échappe en cascades de l'étroit ravin où il prend naissance ; ici et là, quelques villages indigènes formés de simples huttes en paillottes ; partout de l'herbe ou brousse qui atteint jusqu'à deux mètres de hauteur. C'est tout.

Cependant, d'après ce qui précède, il ne faut pas en conclure que cette région du Tonkin est complètement fermée à l'activité humaine. Le commerce qui s'y fait est, au contraire, relativement considérable. Les indigènes parviennent à communiquer entre eux, de village à village. Ils ont même établi, sur certains points, des marchés couverts où ils se rendent chaque jour, en grand nombre, pour exposer leurs produits.

## Les richesses du Tonkin.

D'après ce qui vient d'être dit sur l'aspect général du Tonkin, il est facile de se rendre compte que cette colonie n'est pas, comme on le croit généralement en France, un vaste désert improductif. Il suffit, en effet, d'avoir parcouru cette contrée, d'avoir jeté un regard — un simple regard — sur cette abondante végétation qui s'élève, dans l'espace de quelques mois, à plusieurs mètres de hauteur, pour se rendre compte de la fertilité de ce sol, et pour comprendre enfin que le Tonkin est peut-être, de toutes nos colonies, celle qui est destinée à l'avenir le plus brillant.

Dans le Delta, le sol, formé d'alluvions, est creusé de rizières, protégé par des digues et sillonné de levées qui portent les sentiers d'un village à l'autre. Cette partie du Tonkin est livrée à la culture la mieux comprise. Aucune parcelle de terre n'est restée inutilisée.

Le principal produit agricole du pays est le riz, base de la nourriture des indigènes.

Les terrains privés d'eau sont réservés à la culture du maïs, de la patate, de l'igname, de la pomme de terre et d'une quantité de légumes très différents de ceux d'Europe.

Les fruits sont nombreux et variés : bananes, oranges, mangues, limons, goyaves, ananas, grenades, mangoustans, anones, poires de toutes espèces, etc.

Les hautes régions du Tonkin sont très riches en minerais de toutes sortes. On y trouve l'or, l'argent et le cuivre, au sein de quelques montagnes et dans le lit de plusieurs cours d'eau. Des mines de fer, de charbon et de sel gemme y abondent également. Enfin, on y rencontre l'ambre, l'antimoine, le kaolin, le marbre, etc ...

Le bambou, dont les indigènes tirent un si grand profit, existe en abondance dans toutes les parties du Tonkin. On y rencontre aussi le cocotier, le mûrier blanc, l'arbre à thé, le tabac, l'arec qui produit le bétel, le ricin, le muguet, le rosier, la canne à sucre, etc...

Les forêts produisent de sessences variées encore peu connues, parmi lesquelles on distingue le teck et le bois d'aigle.

La colonie nourrit une race de petits chevaux, le bœuf ordinaire, le buffle, l'éléphant domestiqué, le cochon, la poule, le canard, l'oie, etc....

Le poisson abonde dans les rivières du Tonkin et dans la mer. On pêche principalement la sardine et la morue.

L'industrie tonkinoise, encore peu développée, consiste à fabriquer des navires, du papier, de l'encre, etc. Quant au commerce, ruiné par la guerre et par le nombre toujours croissant des pirates, il n'est pas encore très florissant ; mais il n'attend qu'un peu de tranquillité pour prendre une extension nouvelle.

Le Tonkin exporte ses produits bruts et importe des objets manufacturés. Le chiffre des exportations, qui est de plusieurs millions de francs, dépasse de beaucoup celui des importations.

Telles sont, exposées brièvement et d'une façon très imcomplète, les principales richesses du Tonkin.

## Races et mœurs.

Le Tonkinois, de même origine que l'Annamite, est petit, mince, basané, avec le visage plat et ovale, le nez et les lèvres assez bien proportionnés. Il porte de longs cheveux noirs, ordinairement mal soignés, excepté chez les Bonzes qui se rasent la tête. Les dents sont belles, mais noircies à cause de l'habitude de mâcher le bétel.

Jusqu'à l'âge de quarante ans, le tonkinois est complètement imberbe. Si, avant cet âge, quelques poils de barbe apparaissent sur son visage, il les arrache à l'aide d'une pince *ad hoc* qu'il porte constamment à sa ceinture. A partir de quarante ans, il laisse croître une petite moustache peu épaisse.

Le prolétaire ne porte pas de vêtements, mais seulement une simple bande d'étoffe, passée entre les cuisses. La classe riche est vêtue d'un léger paletot (Ké-Kao) et d'une sorte de pantalon (Ké-Quan) à jambes courtes, avec fond long et large.

La femme (Con-gaï) porte un jupon très court; parfois, un mouchoir, attaché autour du cou et à la ceinture, couvre les seins. Celle qui est aisée a un manteau en soie et un turban autour de la tête.

Les indigènes des deux sexes marchent nu-pieds, sauf dans certaines classes privilégiées où l'on fait usage de la sandale.

Les tonkinois, riches comme pauvres, sont très sales. Ils poussent la malpropreté jusqu'à manger la vermine qui pullule sur leur tête.

Leurs conversations sont des plus saugrenues et des plus ordurières.

Le riz est presque la seule nourriture des mercenaires du Tonkin. Les classes plus favorisées consomment, en outre, des viandes diverses : porc, canard, poulet, poisson, etc.... Quelques légumes et des fruits prennent également place dans le menu.

La façon de prendre un repas, au Tonkin, est des plus curieuses. Un grand plat circulaire en cuivre remplace la table en usage chez nous. La cuisinière ou le cuisinier dispose autour de ce plat autant de ké-bat (tasses) qu'il y a de sortes de viandes et de légumes ; puis, lorsque les mets, préalablement coupés par petits morceaux, sont servis, les convives s'assoient, les jambes croisées, auprès du plat. Munis chacun de deux petites baguettes en bois, ils saisissent les divers morceaux de viande, les trempent dans une sauce infecte appelée *Nuoc-Mam*, et les avalent en même temps qu'une certaine quantité de riz. La traditionnelle tasse de thé sans sucre complète ce singulier festin.

Comme boisson, les indigènes ne connaissent guère que l'eau et le *choum-choum*, sorte d'eau-de-vie qui dégage une odeur répugnante. Ils n'aiment pas le vin, mais ils s'habituent facilement à toutes nos liqueurs fortes.

Les tonkinois sont logés dans de misérables cabanes en paille qu'ils construisent eux-mêmes avec beaucoup d'habileté. Leur mobilier est des plus simples : une sorte de lit de camp en guise de table, une natte et quelques tabourets très bas. Deux ou trois marmites en cuivre, une théière, cinq ou six tasses, constituent le matériel de cuisine.

Dans les contrées fréquentées par le tigre, chaque habitation est entourée d'une double barricade en bambous, suffisamment élevée pour ne pouvoir être escaladée par ce fauve. En outre, chaque village est protégé, contre les pirates, par une haie épaisse et élevée qui constitue une barrière infranchissable.

Les indigènes, — les femmes surtout, — mâchent le bétel. Les hommes fument tous une espèce de tabac opiacé, et quelquefois l'opium pur.

Le peuple annamite, comme tous ceux, du reste, soumis à l'esclavage, se montre rebelle à toute idée de progrès. Il est excellent copiste, mais ne sait ou ne veut rien innover. Chaque génération imite scrupuleusement celle qui l'a précédée, mais ne cherche jamais à la surpasser. Cependant, ce peuple est intelligent, et il est probable que, s'inspirant peu à peu de nos principes, il ne tardera pas à sortir de sa routine.

La littérature, au Tonkin, est, malgré l'ancienneté de la race, absolument pauvre. Quelques courts poèmes, des refrains populaires, des *ana* de proverbes et d'épigrammes : voilà le mince bagage de ce pays. L'instruction est, d'ailleurs, peu répandue. Aussi, appelle-t-on lettré, tout individu qui sait lire, écrire et compter. On en trouve trois ou quatre sur cent.

En philosophie, en sciences, les tonkinois sont élèves des chinois ; ils sont superstitieux et croient surtout aux médecins-sorciers.

Leur religion est le bouddhisme.

En art, on les trouve plus avancés qu'en littérature. La pagode, qui renferme tout leur savoir-faire, permet d'en juger : peinture sur nattes, broderies d'or, incrustations de nacre, le tout copié des modèles chinois, et, partant, d'un fatigant symbolisme.

La famille, pour l'annamite, est une institution quasi-romaine par le Code qui la régit. Toutefois, le mariage n'existe guère que pour les riches ; les autres se bornent à Moï-Thiep, c'est-à-dire, achètent une femme de second rang ; mais tous les enfants sont légitimes, encore qu'une grande distance légale sépare, dans la maison des polygames, l'épouse du premier rang et les autres.

Le Code du mariage établit l'autorité absolue et persistante du père.

Les femmes se marient très jeunes et sont généralement mères à dix-huit ans. L'enfant est considéré comme ayant un an à sa naissance, et l'on ajoute à cet âge une nouvelle année à chaque fête du Tet, qui est le nouvel an.

Les pères sont les plus tendres du monde. Ils ont même quelque chose de féminin dans leur façon de témoigner de l'affection aux leurs. Les mamans ne leur cèdent en rien de ce côté ; mais bien curieux est leur mode de caresse : les femmes flairent leur enfant au lieu de l'embrasser !

Les funérailles sont aussi très originales. Après avoir constaté la mort à l'aide d'un flocon de coton suspendu devant les narines, de façon à osciller au moindre souffle, on voile le visage du défunt avec trois feuilles de papier recouvertes d'un peu d'étoffe rouge, puis on lui introduit dans la bouche, au lieu de l'obole grecque, trois grains de riz. Vient ensuite l'ensevelissement, puis la mise en bière. Celle-ci est vernie avec diverses préparations qui la préservent des piqûres des insectes. Mais cela a lieu seulement chez les riches.

Les pauvres se contentent de malles grossièrement fabri-
quées avec des caisses d'emballage européennes. Les uns et
les autres acquièrent souvent, de leur vivant, le cercueil
qui doit renfermer leur dépouille mortelle, de même qu'ils
choisissent d'avance l'emplacement où ils devront reposer.

Contrairement aux règles de l'hygiène, les inhumations ont
lieu dans les champs qui, partout, au Tonkin, sont bossués
par d'innombrables *tumuli*. L'autorité française n'a pas cru
devoir encore s'opposer à cette coutume dangereuse, de
crainte, sans doute, de blesser trop vivement les sentiments
des indigènes qui poussent très loin le respect superstitieux
de leurs habitudes funéraires.

En résumé, on trouve chez l'annamite la plupart des dé-
fauts des chinois : la passion du jeu, du théâtre, des combats de coqs et de poissons, et souvent de l'opium. Il est
menteur, voleur et malpropre à répugner ; mais, en revan-
che, il possède d'excellentes qualités dont quelques-unes lui
sont même spéciales. Il est hospitalier, doux, docile et poli
jusqu'à l'excès. Il adore les siens et demeure profondément
attaché aux tombeaux de ses ancêtres. Son courage passif l'a
fait longtemps regarder comme poltron; mais depuis qu'on
l'a enrégimenté et conduit au feu, on a remarqué en lui
une ténacité parfois héroïque. C'est, en somme, un excellent
soldat dans la défensive.

Enfin, respectueux de l'autorité et dévoué à ses chefs
jusqu'à la servilité, l'annamite est certainement l'homme le
plus fidèle et le plus facilement gouvernable que l'on puisse
trouver.

## Principaux animaux sauvages.

De tous les animaux féroces qui habitent le Tonkin, le plus dangereux est le tigre royal. Ce fauve redoutable, l'un des plus forts et des plus actifs de la famille du chat, atteint parfois une longueur de 3 mètres 50. Il se retire, pendant le jour, dans les jungles qui bordent les rivières ou dans les bois, et en sort à la nuit tombante pour aller rôder autour des habitations. D'aucuns ont dit que ce carnassier n'attaquait que très rarement l'homme. C'est une erreur. Les victimes qu'il a faites au Tonkin sont d'ailleurs assez nombreuses, et cela, malgré les précautions multiples dont on a soin de s'entourer toutes les fois que l'on est obligé de sortir pendant la nuit. Si, comme on le dit, le tigre est lâche, il supplée du moins à cette lâcheté par une finesse de ruse extraordinaire. Il se place à l'affût au bord d'un sentier où il entend du bruit, et là, dissimulé dans la brousse, il attend qu'un être vivant vienne à passer. Si c'est un homme, il évite, autant que possible, de l'attaquer en face ; mais il le suit de ses yeux perçants et bondit sur lui dès qu'il a tourné le dos.

Bref, malgré l'opinion de la plupart des naturalistes, on peut poser comme principe que le tigre attaque l'homme dans toutes les circonstances où ce dernier se trouve isolé. Ce fauve est donc considéré avec raison comme étant un des ennemis les plus redoutables que nous ayons au Tonkin.

Après le tigre, on trouve dans notre colonie des bêtes sauvages en général peu dangereuses. Ce sont : l'éléphant, le plus gros et le plus intelligent des animaux terrestres, souvent domestiqué par les indigènes ; le rhinocéros, l'ours, le sanglier, le renard, le chat-tigre, le crocodile, le cerf et une infinie variété de singes et de serpents.

L'ornithologie locale comprend : la perdrix, la caille, la bécassine, la tourterelle, des colibris, l'aigle, un gros vautour, l'épervier susceptible d'éducation pour la pêche, la salangouse au nid délicieux, le perroquet, le moineau, et de nombreuses variétés de petits oiseaux admirables par leur plumage.

Le buffle, tout en étant un animal domestique des plus utiles à l'agriculture, est excessivement dangereux pour nous. Très doux pour les indigènes qui montent sur son dos pour le conduire au pacage, il devient furieux dès qu'il aperçoit le casque blanc d'un européen (1).

---

(1) Au sujet du quadrupède dont je viens de parler, mes amis me permettront de leur raconter deux petites aventures qui ont failli me coûter la vie et que, pour cette raison, je n'ai pas oubliées.

C'était dans le courant d'août 1889. Je revenais de Sept-Pagodes, où j'étais allé chercher des vivres destinés au poste de Da-Bac, lorsqu'arrivé à mi-chemin, je dus traverser, avec ma troupe, un vaste champ découvert dans lequel se trouvaient, en liberté, une trentaine de buffles. J'aurais pu, dans bien des cas, continuer à marcher sans qu'il en résultât aucun danger pour moi ; mais par malheur, ce jour là, un chien qui avait l'habitude de suivre la garnison du poste, m'avait accompagné à Sept-Pagodes. Il s'élança tout à coup à travers les buffles qui, devenus furieux, se dirigèrent vers moi en mugissant. Le cheval sur lequel j'étais monté prit le mors-aux-dents et s'enfuit, suivi de très près par les buffles. Je ne parvins à le maîtriser qu'après une course folle de plus de deux kilomètres. Il était temps, car une seconde plus tard, il allait infailliblement s'abattre dans un précipice de cinquante mètres de profondeur.

. . . . . . . . . . . . . . . . . . . . . . . . . . . . . . . . . . . . .

Une autre fois (c'était alors en 1890, époque à laquelle je me trouvais dans les hautes régions du Tonkin), je m'étais rendu, avec une quin-

## Le climat. — Les maladies.

Je n'ai pas l'intention d'entrer ici dans des détails qui sont du domaine de la médecine, et, partant, très au-dessus de ma compétence. Néanmoins, comme les postes du Tonkin sont généralement privés des soins éclairés de l'homme de l'art, et que chacun, par conséquent, doit pouvoir se soigner soi-même, je crois devoir donner, sur les maladies les plus communes, quelques renseignements qui m'ont été fournis par mon expérience personnelle.

Comme on l'a vu, le sol du Tonkin est excessivement marécageux, surtout dans le Delta. Les miasmes et les vapeurs qui, sous l'action de la pluie et du soleil, se dégagent continuellement de cette immensité boueuse, engendrent fatalement la fièvre intermitente ou paludéenne. Cette maladie, qui, fort heureusement, n'est pas mortelle, est

---

zaine de tirailleurs, dans un bois voisin du poste, pour y couper des bambous. Après avoir donné les ordres nécessaires pour l'exécution du travail, je m'éloignai quelque peu de ma troupe pour me livrer à l'exercice de la chasse. A un moment donné j'aperçus, à une certaine distance, dans une haie, plusieurs merles qui voltigeaient de branche en branche. Sans m'occuper du buffle qui pâturait à quelques mètres plus loin, je me dirigeai, en me dissimulant, vers les merles, et, arrivé à bonne portée de fusil, je fis feu sans hésitation. Je n'eus pas le temps de me rendre compte si j'avais abattu le gibier. Soit qu'il eût été atteint par quelques plombs, soit qu'il eût simplement été surpris par la détonation, le buffle devint subitement furieux et s'élança dans la direction où je me trouvais. Il eût pu, si je n'avais pas bougé, passer à côté de moi sans me voir ; mais je préférai, dans un cas semblable, compter sur mes jambes que sur le hasard, et je m'éloignai précipitamment. L'animal était à quelques mètres seulement de moi, lorsque, fort heureusement, je trouvai un bosquet de bambous où je pénétrai. Mon redoutable adversaire ne put, grâce à ces longues cornes, entrer dans le fourré : je fus sauvé.

très fréquente dans notre colonie. Il suffit de traverser une contrée où elle règne pour la contracter. L'incubation, qui est d'une quinzaine de jours, peut durer bien plus longtemps. Tantôt la fièvre éclate d'emblée, tantôt les malades éprouvent, pendant la période d'incubation, du malaise, de la céphalalgie, de l'embarras gastrique. L'affection se manifeste par accès qui durent plus ou moins longtemps, et se succèdent, suivant le cas, à un, deux ou trois jours d'intervalle. Chaque accès présente trois phases : frisson, chaleur et sueur. Le début est marqué par des tremblements qui secouent tout le corps du malade. La peau présente l'aspect de la chair de poule, les lèvres sont brûlantes, les extrémités refroidies. Cependant — chose curieuse — pendant que le malade grelotte, la température périphérique peut s'élever jusqu'à 40°, 41° et même 42°. Au bout d'un temps plus ou moins long, la peau devient brûlante, la respiration s'accélère, la soif est intense. Un instant auparavant le malade demandait des couvertures ; maintenant il les rejette. Enfin, l'apparition de sueurs abondantes annonce la fin de l'accès. Bientôt une sensation de bien-être s'empare du malade, qui ne tarde pas à s'endormir d'un sommeil réparateur.

On fait usage, pour combattre la fièvre, de plusieurs sortes de remèdes ; mais le plus efficace est le sulfate de quinine. Il s'emploie, comme préservatif, à la dose de 0 gr. 25 à 0 gr. 30 par jour, et, comme curatif, à raison de 0 gr. 85 à 1 gr. 50. Cette dose peut être portée jusqu'à 3 gr. dans les accès délirants ou pernicieux.

La quinine doit être prise sept ou huit heures avant le

retour probable de l'accès, de façon qu'elle agisse en même temps que le poison qui donne la fièvre.

Un petit verre de quinquina, pris avant chaque repas, peut, dans certains cas, remplacer le sulfate de quinine, mais seulement comme préservatif.

Après la fièvre, la maladie la plus fréquente au Tonkin est la dyssenterie. Cette affection, engendrée par un poison spécial, est souvent mortelle, surtout dans les postes militaires isolés où le malade ne peut compter sur les secours immédiats de l'art.

La dysenterie se reconnaît aux symptômes suivants : douleurs affreuses vers le fondement et le sacrum ; besoin incessant et souvent illusoire d'aller à la garde-robe, selles muco-sanguinolentes, courbature et frissons. Les premières selles dysentériques ressemblent à de la graisse ; elles deviennent ensuite colorées de sang, puis enfin complètement sanglantes. A ce moment, le pronostic de la maladie est grave. Le malade s'épuise rapidement et la mort survient.

Quand la dysenterie est légère, elle peut être combattue par le traitement suivant : diète, repos absolu, lavements amidonnés avec quelques gouttes de laudanum, cataplasmes laudanisés, 0 gr. 05 d'extrait thébaïque ou 2 petites pilules d'opium. On peut aussi recourir à l'ipéca. Mais lorsque la maladie prend un caractère plus grave, le traitement doit être dirigé par un médecin. Le malade est alors évacué sur l'hôpital le plus proche. Malheureusement, il y arrive souvent trop tard, et l'homme de l'art devient lui-même, dans la plupart des cas, impuissant à enrayer les progrès du mal.

La cholérine et le choléra sévissent aussi au Tonkin, mais sans occasionner, toutefois, autant de décès que la dysenterie.

Notons aussi les insolations qui, pendant les marches surtout, font un assez grand nombre de victimes.

Enfin, comme conséquence des maladies qui précèdent, et principalement des fièvres, on voit apparaître l'anémie, affection à marche chronique qui persiste en s'aggravant chaque jour davantage. Cette maladie est peu dangereuse, mais son traitement est très long. Cependant, un changement de climat, un rapatriement, par exemple, suffit quelquefois pour amener, sinon la guérison, du moins une amélioration notable.

La fréquence de ces maladies doit être attribuée principalement à la nature du sol. En effet, indépendamment des rizières du Delta, nous avons les terrains incultes et les forêts vierges des hautes régions. Partout, dans cette contrée, l'herbe atteint plusieurs mètres de hauteur. Ces végétaux n'étant jamais détruits ni enfouis, s'accumulent depuis des siècles sur le sol où ils forment une épaisse couche de fumier, véritable foyer d'infection qui dégage sans cesse des miasmes délétères.

Enfin, si nous ajoutons que l'eau alimentaire du Tonkin contient souvent des matières toxiques, notamment du cuivre, nous aurons une explication suffisante des maladies qui sévissent dans ce pays.

Malgré sa situation dans la zone tropicale, le Tonkin jouit d'un climat tempéré. Le thermomètre ne dépasse guère 40 ou 45°. Ces conditions climatériques, qui font du Ton

kin un pays privilégié, sont dues aux nombreux cours
d'eau qui sillonnent cette contrée et qui, prenant tous naissance dans les régions froides des plateaux élevés du Thi-
bet, opposent aux rayons ardents du soleil la fraîcheur
bienfaisante de leurs eaux.

Dans ces conditions, on peut espérer que le Tonkin de-
viendra un jour un pays aussi sain que la France. Mais il
faut, pour cela, que l'œuvre de la pacification se poursuive
d'une façon constante et énergique. Le jour où la colonie
sera débarrassée des nombreuses bandes pirates qui la trou-
blent, on verra arriver en grand nombre des bras pour
travailler. Les uns seront employés à labourer la terre ; les
autres à l'industrie, au commerce ou à l'exploitation des
mines d'or et d'argent, et, en peu d'années, le Tonkin aura
subi une transformation complète.

C'est alors que disparaîtront les causes des maladies dont
il a été parlé dans ce chapitre.

Mais dans les conditions actuelles on peut déjà vivre de
longues années dans la colonie sans aucun préjudice pour
la santé. Il suffit, pour cela, d'observer certaines règles
d'hygiène, imposées, d'ailleurs, dans tous les pays chauds.

Le casque en liège, adopté dans l'armée, est de rigueur.
C'est la coiffure qui préserve le mieux des rayons solaires.
Les vêtements doivent être légers et autant que possible en
toile blanche.

A moins de nécessité absolue, il ne faut jamais sortir
après huit heures du matin et avant quatre heures du soir.
Dans le cas où l'on est obligé de déroger à cette règle, il
est indispensable de se munir d'une ombrelle. On doit mê-

me, si le trajet à parcourir est long, placer une serviette mouillée par dessus le casque.

Les logements doivent être vastes et constamment aérés, même pendant la nuit. Il faut avoir soin de s'assurer, à chaque instant, qu'aucun rayon de soleil ne traverse la toiture de l'habitation.

En ce qui concerne l'alimentation, il faut, autant que possible, se contenter des produits indigènes, tels que bœufs, porcs, volailles, gibiers, fruits, etc..., car les aliments exotiques, préparés en conserves, sont toujours plus ou moins malsains.

L'eau étant souvent cuivrée, il est prudent de ne pas en boire, surtout de celle que l'on ne connaît pas très bien. Les meilleures boissons sont : le vin, la bière et le thé.

On fait souvent, au Tonkin, un usage exagéré de spiritueux C'est une habitude très mauvaise. Certaines liqueurs fortes, telles que le tafia, l'absinthe, etc... peuvent rendre, il est vrai, de réels services, mais à la condition expresse d'en faire un usage très modéré. Il serait même préférable de ne s'en servir que pour assainir l'eau.

Enfin, je ne crois pas devoir m'étendre plus longuement sur ce chapitre, pensant en avoir dit suffisamment pour convaincre mes amis que le Tonkin est loin d'être aussi malsain qu'on le croit généralement.

## Le service militaire au Tonkin.

Nos troupes, au Tonkin, sont divisées en groupes de 25 à 300 hommes, qui constituent autant de postes isolés et indépendants. Ces postes, commandés, suivant leur importance, par des sous-officiers, des officiers subalternes ou des officiers supérieurs, sont établis de façon à correspondre entre eux, et à pouvoir, en cas d'attaque générale, se prêter un mutuel appui. Ils exercent leur action sur toute l'étendue du territoire.

La réunion de plusieurs postes forme une région qui a son centre dans l'une des anciennes provinces (Haï-Dzuong, Bac-Ninh, Lang-Son, etc.)

En ce qui concerne l'occupation et la défense du pays, les troupes, quels que soient le corps et l'arme auxquels elles appartiennent, sont placées sous les ordres du commandant de la région dont elles dépendent. Mais sous le rapport de l'administration, de l'instruction et de la discipline, les chefs des divers corps conservent les droits et les devoirs qui sont déterminés par le règlement sur le service intérieur de l'armée.

Malgré le traité de paix, malgré les efforts incessants de l'autorité militaire, le Tonkin — personne ne l'ignore — n'est encore aujourd'hui qu'un grand champ de bataille. Il ne se passe guère de jours sans que nos troupes ne se rencontrent avec l'une ou l'autre des nombreuses bandes pirates qui, depuis 1885, n'ont pas cessé de troubler la colonie. Il s'ensuit que la vie du soldat au Tonkin est restée à peu près la même depuis le début des opérations. C'est

toujours la vie de campagne avec ses privations et ses souf-
frances, mais aussi avec ses émotions imprévues, ses satis-
factions et ses charmes.

L'ennemi que nous avons à combattre aujourd'hui n'est
pas moins dangereux que celui qui s'est battu en 1885. Ré-
parti par bandes sur toute l'étendue du territoire, il possède
au plus haut degré l'art de se diviser pour vivre et de se
réunir pour combattre. Ses attaques, toujours imprévues,
sont généralement exécutées à petites distances et avec un
ensemble parfois admirable. C'est en somme la guerre de
guérillas avec ses guets-apens, ses assassinats, ses horreurs.

Là, plus de tactique, plus de valeur personnelle. Le succès est réservé d'avance à celui qui a l'avantage de connaître le mieux le pays. Or, cet avantage appartient tout naturellement aux bandes pirates qui, par leur mode d'existence, sont forcées de connaître, dans tous ses détails, la
topographie de la région où elles opèrent. Aussi, beaucoup
de chefs de notre armée ont ils adopté comme principe de
faire coucher les hommes dès que les premiers coups de
feu se font entendre. Cette façon d'agir, peu connue en
Europe, permet, tout en évitant l'effusion du sang, de reconnaître exactement l'emplacement de l'ennemi et de ri-
poster ensuite avec succès.

Les pirates qui opèrent au Tonkin sont tous, ou presque
tous, de nationalité chinoise. Gens sans aveu, brigands,
assassins, ramassis de tous les vils éléments des plus basses
classes sociales, ces êtres abjects sont incapables, certes,
d'avoir une pensée élevée. Pour eux, la guerre n'a d'autre
but que le pillage. Mais, à n'en pas douter, ils sont des ins-

truments que le gouvernement chinois utilise contre nous. La Chine, en effet, — que personne ne l'ignore, — n'a jamais eu des intentions plus belliqueuses à notre égard, que depuis le jour où elle a signé le traité de Tien-Tsin. La signature de ce traité, imposée au gouvernement du Milieu par la marche victorieuse de nos troupes, n'a pas apaisé la haine de la Chine qui ne peut se résoudre à nous voir occuper, sous ses yeux, un pays dont elle a tiré autrefois de si grands avantages. Au lieu de nous opposer ses armées régulières, le Céleste-Empire encourage, arme et soudoie des bandes pirates, et son action, pour être indirecte et lâche, n'en est pas moins réelle et efficace.

Dans ces conditions, la pacification du Tonkin ne saurait être l'œuvre d'un jour. Il faudra même encore plusieurs années de luttes pour arriver à ce résultat. Cependant, les efforts faits, le sang répandu et l'argent dépensé jusqu'alors n'ont pas été vains. Plusieurs bandes pirates, harcelées et découragées par les attaques réitérées de nos troupes, ont déjà déposé leurs armes entre nos mains Ce sont là des résultats qui permettent d'en espérer d'autres.

Enfin, je ne m'étendrai pas davantage sur ces considérations diverses. Je reviens à mon propre sujet : le service militaire au Tonkin.

Les postes sont généralement mixtes, c'est-à-dire que la garnison se compose d'indigènes et d'européens. Le service de ces derniers consiste à faire des reconnaissances sur les points les plus menacés et à escorter les convois Par convoi, on entend, au Tonkin, la réunion d'un certain nombre de coolies transportant les vivres, les bagages, les munitions, etc... d'un poste à un autre. Chaque convoi est escorté par un détachement plus ou moins important, suivant le nombre des coolies et les craintes que peut faire naître la proximité de l'ennemi.

Ce service d'escorte est le plus délicat, le plus difficile et le plus pénible. Délicat, parce que, n'ayant d'autre but que d'amener, intact, le convoi à sa destination, on est souvent obligé, — triste nécessité pour un soldat français, — de fuir l'ennemi au lieu de le poursuivre; — difficile, parce qu'il n'est pas toujours commode de tenir dans sa main et faire marcher en bon ordre cent, cent cinquante et quelquefois deux cents coolies, toujours prêts à s'évader à la première annonce du danger; — pénible, enfin, parce que l'absence est généralement longue, et que, pendant la marche, il est nécessaire de se porter rapidement d'une extrémité à l'autre de la colonne, qui atteint souvent deux kilomètres de longueur.

Tout autre est le service des colonnes et des reconnaissances. Ah ! c'est le vrai, le bon, celui-là ! Le soldat l'exécute avec joie, avec patriotisme, et toujours avec cette vertu guerrière que lui ont léguée ses aînés et qu'il a su garder en dépôt comme le plus bel héritage qu'il ait reçu d'eux. Ce service, en effet, consiste à poursuivre l'ennemi, à le cerner et à le battre. Il comporte, par conséquent, toutes les opérations de la guerre.

Toute la garnison d'un poste ne pouvant marcher en même temps, il est nécessaire de tenir régulièrement un contrôle qui détermine le tour de chacun. Mais, contrairement à ce qui se produit en France, en temps de paix, c'est le militaire qui n'est pas commandé de service qui se plaint. Ah ! c'est qu'il est dur, en effet, pour un soldat français, de rester inactif dans un poste quand il pense qu'à quelques lieues de lui ses camarades se battent ! Pour mon compte personnel, je me rappellerai toujours combien j'ai été navré chaque fois que je me suis trouvé dans ce cas.

Et pourtant, faire campagne au Tonkin n'est pas toujours chose facile ; il faut souvent là-bas, comme dans les plaines de l'Italie, « passer des rivières sans ponts, faire des marches forcées sans souliers, bivouaquer sans eau-de-vie et souvent sans pain. » Le pays, en effet, ne possède encore aucune voie de communication. Dans le Delta, les marches ont lieu à travers les rizières, ou sur des sentiers à peine frayés. Dans les hautes régions, il faut gravir des pentes abruptes, au milieu des rochers et des bois. La plupart du temps, on est obligé de se servir des mains pour monter et descendre. Et bien heureux encore quand, au fond du ravin, on rencontre un arrayo pouvant être franchi à la nage. Dans le cas contraire, il faut improviser un pont et attendre ainsi plusieurs heures sous les rayons brûlants du soleil.

Après une journée de marche dans ces conditions, on arrive au lieu d'étape. Quelquefois on passe la nuit dans une pagode ou toute autre case indigène. Mais ce n'est pas toujours le cas : soit que les villages fassent défaut, soit que l'on ait à craindre une attaque inopinée des pirates, on s'établit souvent sur un mamelon, au milieu de la brousse. Il faut dormir alors à la belle étoile, sur le sol humide.

Pour le commandement, les soucis moraux ne sont pas

moins lourds que les fatigues physiques. Il ne suffit pas de s'avancer gaiement, comme cela a lieu en France dans les marches militaires ; il faut, au contraire, marcher avec beaucoup de circonspection. Chaque coteau, chaque bois, chaque ravin peut dissimuler un détachement ennemi. Avant de s'en approcher, il y a lieu d'étudier rapidement le terrain, de façon à ne jamais être surpris par l'attaque.

Mais si, dans les diverses opérations de la guerre, le service est toujours pénible, le séjour dans les postes est, au contraire, très doux. Le climat exigeant certains ménagements à l'égard des européens, c'est à peine si ces derniers sont employés, dans quelques cas urgents, pour seconder les indigènes dans les travaux de réparation du poste.

Toutefois, il n'en est pas de même pour les tirailleurs tonkinois. Ceux-ci, après leur incorporation, sont réunis au dépôt du régiment, où, par les soins d'un cadre spécial, ils reçoivent les premières notions du métier militaire. Ce n'est que lorsqu'ils connaissent parfaitement les mouvements de l'école du soldat et les principes de tir qu'on les envoie dans les postes externes.

L'instruction de ces recrues indigènes est, d'ailleurs, très rapide. Après trois mois d'exercices, on obtient des soldats disciplinés et sachant manœuvrer avec un ensemble parfait. Ces résultats surprenants au premier abord, — résultats qu'on ne saurait obtenir en si peu de temps avec des recrues françaises, — n'étonneront pas ceux qui connaissent l'annamite tel qu'il est, c'est-à-dire le premier imitateur du monde. Il suffit, en effet, de faire devant lui un mouvement de maniement d'arme pour qu'il l'exécute lui-même d'une façon absolument correcte.

Arrivés dans leurs postes d'affectation, les indigènes ne font plus, en dehors des opérations de la guerre, qu'un service d'entraînement ayant pour but de les familiariser avec les mouvements en ordre dispersé, et de développer chez eux l'instruction du tir.

Enfin, je crois devoir limiter aux quelques indications générales qui précédent mes appréciations et mes renseignements sur le service militaire au Tonkin.

### Dans les Hautes Régions.

Maintenant, je prie mes amis de me suivre à nouveau dans mes pérégrinations.

Après six longs mois de séjour à Da-bac, — six mois au cours desquels je n'ai pas été épargné par les fièvres, — ma compagnie reçoit l'ordre de se rendre à Cao-Bang pour y remplacer la 15ᵐᵉ compagnie du même corps. Cette nouvelle imprévue me cause la plus vive satisfaction. Aussi, malgré de récents accès de fièvres et une anémie très prononcée, j'insiste auprès de mes officiers pour suivre le détachement.

Le voyage doit durer trois semaines, au moins. Il est marqué, à son début, par un incident inattendu. Il avait été convenu, au départ de Da-Bac, que le convoi se détacherait, à mi-chemin, de la compagnie, pour prendre la voie fluviale. Comme chef de l'arrière-garde, je suis désigné pour escorter ce convoi. Je m'arrête donc au point désigné pour attendre les sampans qui amènent une section de la nouvelle garnison de Da-Bac. Mon attente est de courte durée ; mais quelle n'est pas ma surprise quand, à l'arrivée de ces embarcations, je m'aperçois qu'elles sont criblées de balles et que le détachement compte un mort et plusieurs blessés !..... Je prends immédiatement des renseignements près du chef d'escorte, qui m'explique dans quelles circonstances il a été attaqué par des pirates embusqués dans les jungles, au bord de la rivière ; puis, après m'être assuré que les sampans avaient été convenablement réparés, je fais charger les bagages et je pars.

Il me serait difficile de dire toutes les difficultés que j'ai éprouvées pour maintenir les coolies à leurs postes. Arrivés à l'endroit où l'attaque avait eu lieu, tous voulaient s'enfuir. J'ai dû, pour arriver à maintenir tout le monde à sa place, faire charger les armes et menacer de mort tout individu qui tenterait de s'esquiver.

Enfin, après avoir navigué toute la nuit, le convoi arrivait, le lendemain, à Sept-Pagodes, sans avoir été inquiété.

Trois jours plus tard, nous arrivons à Phu-Long-Thuong, où nous faisons un séjour de vingt-quatre heures.

Phu-Long-Thuong est le principal débouché commercial des hautes régions du Tonkin. C'est donc une place très importante et qui est destinée à se développer davantage encore. Une voie ferrée (système Decauville, la seule qui existe au Tonkin) relie cette ville à Lang-Son, favorisant ainsi le commerce entre ces deux points importants.

En 1889, Phu-Long-Thuong était encore entourée de plusieurs bandes pirates qui se livraient à des attaques continuelles et nocturnes contre la garnison de la place ; mais il est probable que ces bandes sont aujourd'hui dispersées et que la région est redevenue paisible.

La compagnie reprend ensuite sa marche dans la direction de Lang Son.

Le premier jour nous arrivons à Kep, bourgade sans importance, mais rendue célèbre par les combats des 7, 8 et 9 octobre 1884.

Nous passons à Bac-Lé, That-Ké, etc., et enfin, huit jours après notre départ de Phu-Long-Thuong, nous arrivons à Lang-Son, la citadelle avancée du Tonkin.

Lang-Son n'est pas, comme on pourrait le croire, une grande ville avec ses places publiques, ses boulevards, ses monuments ; ce n'est au contraire qu'un simple village composé de cent ou cent cinquante cabanes en paille. Mais ce qui donne à cette place toute son importance, c'est sa position militaire exceptionnelle. Lang-Son est, en effet, par sa situation à vingt kilomètres de la frontière, tout indiqué pour servir de réduit central à toutes les troupes des hautes régions. Sa citadelle bastionnée et ses forts, qui étendent au loin son action, lui permettraient, avec une garnison assez faible, d'arrêter pendant longtemps une armée d'invasion.

D'ailleurs, si la ville de Lang-Son n'est pas importante par elle-même, elle tend, du moins, à se confondre avec le village de Ki-Lua, qui est un grand centre commercial.

C'est dans les environs de ce dernier village qu'eut lieu le dernier combat livré par la brigade du général de Négrier. Les nombreuses empreintes de balles, que l'on remarque encore sur les maisons et les arbres, prouvent combien la lutte fut longue et acharnée.

Nous avons traversé le champ de bataille dans toute sa

longueur et avons été assez heureux pour pouvoir nous faire indiquer, par un témoin oculaire, les diverses positions de nos troupes. Ici on nous montre l'endroit du Song-Ki-Kong où ont été jetés le trésor de l'armée (500,000 francs en piastres) ainsi que plusieurs pièces de canon ; là, l'emplacement où a été blessé le général de Négrier ; plus loin, des lignes de tranchées abri ; ici et là, partout, des monticules de terre au-dessous desquels reposent ceux des nôtres qui sont tombés là-bas, à quatre mille lieues de la patrie, dans cette journée sanglante du 28 mars 1885. Devant ces tombes à peine refermées, une émotion très vive saisit le cœur. On pense à la France et surtout aux deuils qu'ont causés ces malheureuses victimes de la guerre.

Après avoir accompli notre pèlerinage dans cette plaine mémorable de Ki-Lua, nous reprenons notre marche dans la direction de Dong-Dang et la porte de Chine. Nous suivons donc la route parcourue à l'aller et au retour par la brigade de Négrier. Aussi, retrouvons-nous, à chaque pas, d'autres *tumuli* semblables à ceux que nous avons salués à notre sortie de Lang-Son.

Enfin, après huit heures de marche à travers ces champs qui furent si abondamment arrosés par le sang des nôtres, nous arrivons à Dong-Dang, poste situé à quatre kilomètres de la fameuse porte de Chine.

A partir de ce moment, les accidents du sol vont rendre notre marche en avant de plus en plus difficile. Douze étapes nous séparent encore de notre nouveau poste, et, durant le trajet, nous aurons à franchir, à travers la brousse et les bois, des montagnes abruptes, des ravins profonds et des torrents impétueux. Comme voie de communication, nous ne trouverons que des sentiers à peine frayés, ou plutôt de véritables escaliers rendus glissants par les dernières pluies.

Quoi qu'il en soit, les étapes sont franchies avec entrain, chacun étant impatient d'arriver à destination.

Le 1er janvier 1890, nous entrons dans Cao-Bang, chef-lieu de région et poste d'affectation du dépôt de la 11e compagnie.

Après vingt-quatre heures de repos dans cette place, ma section est désignée pour aller rejoindre la colonne du colonel Servière, qui opère contre une bande pirate importante retranchée dans le cirque de Long-Giao. Malheureusement, je ne puis suivre le détachement. Les fièvres qui ne m'ont pas quitté un instant depuis mon départ de Da-Bac, se manifestent tout à coup d'une façon violente. Un accès délirant me tient alité pendant deux jours. Je dois donc prendre cette dure résignation d'abandonner ma troupe au moment où elle marche à l'ennemi. Je n'essaierai pas de dépeindre la douleur que j'ai ressentie dans cette circontance. Durant mes heures de délire, je me représentais ma section s'élançant impétueusement à l'assaut des rochers, et ne sortais de ce rêve fameux que pour maudire le mal qui m'avait, en de tels moments, cloué si impitoyablement sur la paille.

Le docteur m'avait prescrit de prendre, chaque jour, 1 gr. 50 de sulfate de quinine ; mais, ayant atteint la dernière limite de la patience humaine, je doublai chaque fois la dose, espérant, par ce moyen, obtenir un résultat plus prompt. Le lendemain, en effet, la fièvre avait complètement disparu. Quoique très faible encore, je demandai et obtins, après de vives insistances, l'autorisation de partir avec un deuxième détachement pour rejoindre la colonne du lieutenant-colonel Servière.

Je pars donc de Cao-Bang le 3 janvier. Le 5, après deux jours de marche forcée, nous apprenons qu'un combat décisif a eu lieu la veille, et que l'expédition est dès lors terminée. C'était fini ! Il fallait donc — ô fatalité ! — qu'après avoir supporté les fatigues et les tourments d'une longue marche et d'une cruelle maladie, je me visse encore refuser l'honneur de participer au combat !

La colonne du colonel Servière opère quelques jours encore, mais sans résultat. Elle est ensuite dissoute, et moi je suis affecté au poste de Nguyen-Binh, où je reste jusqu'à mon retour en France.

J'avais réussi jusqu'ici, à force d'énergie, à dominer les fièvres que j'avais contractées à Da-Bac ; mais je n'en étais pas quitte pour cela. Après quelques jours de repos, le mal, qui existait à l'état latent depuis plus d'un mois, se déclara tout à coup avec une violence inouïe. Je restai pendant vingt jours sans prendre aucune nourriture solide, accablé par des accès délirants qu'il était impossible de vaincre. Et, pour comble de malheur, je n'avais, comme médicament, qu'un petit flacon de sulfate de quinine. Le poste, désorganisé par les dernières opérations de guerre, se trouvait, en effet, dépourvu de tout, même de vivres. Il ne fallait pas songer, cependant, à être transporté à l'ambulance de Cao-Bang. Mon état de faiblesse ne m'aurait pas permis de supporter le voyage. En outre, le poste ne pouvait fournir une escorte suffisante pour traverser, en toute sécurité, les lignes ennemies qui barraient toutes les routes. Bref, il me fallait accepter la situation telle qu'elle était.

Que de fois, hélas ! sur cette natte en bambou, où j'étais couché comme un chien, ai-je pensé à ma famille ! La mort, que j'attendais de jour en jour, ne m'effrayait point ; mais j'aurais voulu qu'elle ne fût pleurée par personne.

Enfin, le moment fatal n'était pas encore arrivé. Peu à peu l'appétit revint, et avec elle les forces épuisées.

Le poste de Nguyen-Binh devant fournir une garnison au poste optique, je me rends bientôt dans ce dernier dont je prends le commandement. Me voilà donc relégué sur un rocher, sans autre société que des indigènes et quelques soldats de la légion étrangère.

Le temps passé dans ces lieux restera le plus beau de ma vie Vivre seul, en maître, au sein de cette immense solitude où la nature semble avoir aggloméré toutes ses beautés, n'est-ce pas la plus belle existence que l'on puisse rêver ?

L'étude de l'ornithologie locale, des environs du poste et du Tonkin en général, la lecture des journaux et des lettres de France, la réponse à ces lettres, ont tenu, là-bas, une grande place dans ma vie

Malheureusement, cette belle existence devait être de courte durée. Dans le courant d'août, une nouvelle imprévue arrive de France : — le 4° tirailleurs tonkinois vient d'être supprimé.

Tout commentaire ne pourrait qu'affaiblir la portée de ce document officiel.

Des ordres sont donnés pour que les compagnies du régiment se dirigent sur Haïphong, où elles doivent être licenciées au fur et à mesure de leur arrivée.

La 11e compagnie se réunit d'abord à Cao-Bang, puis se met en route, en suivant le même itinéraire qu'à l'aller.

A Phu-Lang-Thuong, nous avons la douleur de perdre notre sympathique camarade Debertd, sergent-fourrier à la 11e, qui succombe à la suite d'une courte maladie.

Enfin, après quatre semaines de marches pénibles, nous arrivons, dans les premiers jours d'octobre, à Haïphong. Les indigènes sont aussitôt renvoyés dans leurs foyers, et nous, nous attendons l'arrivée du « *Comorin* », qui doit nous rapatrier. Nous restons ainsi, sans troupe, pendant six semaines environ. Ce temps ne nous a pas paru long, grâce à un séjour agréable que nous sommes allés faire à Quan-Yen, poste très sain qui est au Tonkin ce que Nice est à la France.

Mais voici le « *Comorin* ». L'heure du départ a sonné. Nous nous dirigeons vers le quai d'embarquement, où nous trouvons le colonel Servière. Ce chef respecté, chez qui la fermeté n'a jamais exclu la bonté, a voulu une dernière fois nous adresser ses adieux. Il l'a fait en des termes qui nous ont profondément touchés, et c'est le cœur serré que nous nous sommes séparés de lui pour nous rendre à bord du navire en partance.

Après six heures de navigation lente dans les eaux marécageuses du fleuve Rouge, le *Comorin* entre dans le golfe

du Tonkin où il reprend sa vitesse habituelle. Bientôt les
derniers îlots de la baie d'Alung disparaissent à l'horizon.
En cet instant solennel de la séparation définitive, les
cœurs se serrent plus fortement et les yeux se gonflent de
larmes. Debout sur le pont du navire, on envoie des regards d'adieux à cette terre aimée du Tonkin qui était de-
venue pour tous une seconde patrie. Puis, enfin, on rentre
dans sa cabine, tout triste, tout pensif, regrettant une fois
de plus la mesure qui a si impitoyablement frappé le 4e tirailleurs tonkinois.

Maintenant, le navire marche à toute vitesse vers la
France. La traversée, qui durera quarante quatre jours, ne
m'apprendra rien de nouveau, l'itinéraire étant le même
qu'à l'aller.

Mon existence à bord du *Comorin*, si elle n'a pas été
remplie de charmes (les plaisirs sont rares en pleine mer),
a été du moins exempte d'ennuis.

Le navire entre, le 14 décembre, en rade de Toulon.

Je touche donc au terme de mon long voyage. Mais au
moment où je revois cette terre aimée de France, j'éprouve
le besoin, dans l'émotion qui me saisit le cœur, de redire encore une fois combien je suis enchanté de mon séjour au
Tonkin. Le souvenir de mes deux années passées là-bas
restera à jamais gravé dans ma mémoire. Désormais, je ne
cesserai de revoir, dans mes rêves, ces rizières sans fin, ces
montagnes toujours vertes, cette végétation incomparable,
et de revivre ces heures délicieuses où, à la suite d'une
opération fructueuse, l'on se réunissait tous ensemble,
officiers et sous-officiers, pour vider une coupe de cham-
pagne.

« pitaux, *10 officiers*, *41 sous-officiers* français, *354 in-*
« *digènes*, et a eu 9 officiers, 26 sous-officiers et 79 indi-
« gènes blessés.

« Chacun regrettera que des considérations budgétaires
« aient obligé à faire disparaître, dans les circonstances ac-
« tuelles, un corps qui avait donné tant de preuves d'éner-
« gie et de dévouement, et qui était prêt à les renouveler.
« Les services qu'il avait rendus montraient ceux qu'il
« pouvait rendre dans l'avenir. Les éloges des chefs ne lui
« avaient jamais fait défaut. Les ordres généraux et les ci-
« tations aux troupes de l'Indo-Chine resteront le témoi-
« gnage de la valeur des officiers et de la bonne conduite
« au feu des troupes du 4e tirailleurs tonkinois.

« Le régiment a d'ailleurs eu à sa tête des officiers d'un
« mérite éprouvé. Son dernier chef, le colonel Servière, à
« qui vient d'être décerné, par sa promotion au grade
« supérieur, une éclatante récompense de ses services, gar-
« dera une place particulièrement glorieuse dans l'histoire
« de la conquête et de la pacification du Tonkin.

« Presque au début des hostilités, le 25 novembre 1883,
« il accourait avec les premiers renforts du corps expédi-
« tionnaire. Quelques mois après, le 10 mai 1884, il était
« cité à l'ordre général à la suite des combats de Phat-Co.
« Nouvelle citation le 28 mars de l'année suivante, pour l'é-
« nergie tenace qu'il déployait dans les circonstances parti-
« culièrement douloureuses des combats de Lang Son et de
« la retraite de nos troupes.

« L'opération des Ba-Chau en 1887, la pacification des
« lacs Ba-Bé en 1888, de nouvelles opérations en octobre

« 1889 contre les bandes d'irréguliers chinois qui avaient
« réoccupé cette région de Cao-Bang, au sol si tourmenté,
« aux obstacles presque insurmontables, faisaient au colo-
« nel Servière, dans le pays, une réputation de chef invin-
« cible, et démontraient de nouveau la valeur de cet offi-
« cier supérieur qui, depuis 1883, avec une interruption
« de quelques mois de séjour en France, était toujours aux
« avant-gardes de nos troupes.

« Intelligence hors ligne de la guerre de ce pays, qui
« comporte, autant que la grande guerre, la décision dans
« la préparation, le don d'enlever les troupes et la sûreté
« de jugement dans le combat, ainsi peut se résumer l'ap-
« préciation de l'éminent commandant du 4e tirailleurs
« tonkinois.

« Le général commandant la 2e brigade adresse ses adieux
« au colonel Servière, aux officiers et aux sous-officiers de
« son régiment. La France utilisera un jour, il l'espère,
« l'expérience de la guerre qu'ils ont acquise dans ce pays
« et les qualités d'entrain et de dévouement qui nous ont
« toujours assuré la victoire et la fixeront sous nos dra-
« peaux dans les luttes futures de la patrie.

« Le général inspecteur délégué a la conviction qu'ils
« continueront à se distinguer, et qu'ils se souviendront
« avec honneur d'avoir appartenu au 4e régiment de tirail-
« leurs tonkinois. »

« Bac-Ning, le 22 août 1890.

> « *Le Général commandant la 2e brigade,*
> *Inspecteur général, délégué.*
>
> Signé : GODIN. »

Il ne m'appartient pas d'apprécier cette mesure qui a si tristement surpris les officiers et les sous-officiers français du régiment ; il ne m'appartient pas non plus de faire l'apologie d'un corps auquel j'ai eu l'honneur d'appartenir ; mais il me sera bien permis, toutefois, de rapporter textuellement ici l'ordre général laissé au 4ᵉ régiment de tirailleurs tonkinois à la suite de l'inspection générale en 1890.

Voici cet ordre :

« Depuis l'inspection générale en 1889, les progrès ont
« été sensibles dans l'instruction et l'éducation des indigè-
« nes du 4ᶜ tirailleurs tonkinois. Les fatigues ont cependant
« été nombreuses pendant cette période. Le Delta, alors
« pacifié, a pu être remis à la garde de l'autorité civile, et
« les efforts se sont portés presqu'en entier sur la partie
« nord du Tonkin, encore soumise aux incursions des ban-
« des pirates.

« Du 20 août au 20 septembre 1889, les 2ᵉ, 4ᵉ, 9ᶜ et
« 10ᶜ compagnies du régiment prennent part aux colonnes
« dirigées dans le massif de Bao-Day, par le commandant
« Pretêt et le capitaine Peigna. Les combats de Bao-La et
« de Thuong-Lam coûtent au régiment : un officier tué,
« deux officiers blessés, un sous-officier français tué, un
« tirailleur tué et une vingtaine de tirailleurs blessés. Mais
« les bandes qui tenaient la campagne dans ce massif sont
« pour longtemps hors d'état de nuire.

« Du 24 septembre au 8 novembre 1889, la colonne
« dirigée par le lieutenant-colonel Servière, et dont fait
« partie la 15ᵉ compagnie, délivre les Bac Chau et Lun-Ku

« des bandes pirates qui les infestaient, et montre aux po-
« pulations frontières que notre protection est réelle et effi-
« cace. La résistance est vive, et si les combats du 3 octo-
« bre à Lung-Mo et 31 octobre à Bo-Phu ne nous coûtent
« que quelques hommes, il faut l'attribuer uniquement à
« l'entrain des troupes.

« Du 30 novembre 1889 au 30 janvier 1890, le lieute-
« nant-colonel Servière repart vers Nguyen-Binh avec la
« 15e compagnie et un peloton de la 11e et disperse, le
« 4 janvier, la bande du chef Phu-Nhi qui occupait le cir-
« que de Lung-Giao.

« Ces diverses colonnes amènent la pacification de la
« région de Cao-Bang et rallient à notre cause la population
« encore indécise

« Du 8 au 31 mars 1890, une partie de la 5e compagnie
« prend part aux opérations dirigées dans la province de
« Pho-Binh-Gia par le commandant Bazaine.

Du 1er au 22 avril, des détachements des 1re, 2e et 3e
« compagnies font partie des colonnes du haut Loc-Nam et
« du Déo-Gia, qui rétablissent le calme dans une région
« longtemps troublée.

« Du 26 avril au 8 mai, le commandant Boudart, qui a
« sous ses ordres les fractions des 8e et 13e compagnies,
« rejette en Chine les bandes de Tu-Ngao.

« De nombreux engagements partiels marquent aussi ces
« périodes.

« En résumé, *depuis sa création en 1886*, le 4e régiment
« de tirailleurs tonkinois a pris part à *118 affaires* ; il a
« perdu, tant sur les champs de bataille que dans les hô-

Et maintenant, vous tous, mes chers amis, qui avez bien voulu lire ce court récit de mon voyage, cessez de vous faire des illusions sur le Tonkin ; soyez enfin fixés sur l'avenir réel et brillant qui est réservé à ce pays, et criez tous avec moi : Vive notre belle colonie Indo-Chinoise !

FIN

Avignon. — Imprimerie François SEGUIN.